中等职业教育改革发展示范校建设系列教材

AutoCAD 机械绘图

主 编 邹 蓉

副主编 于金凤 姜礼鑫 王建珍

中国建材工业出版社

图书在版编目（CIP）数据

AutoCAD 机械绘图／邹蓉主编. —北京：中国建材工业出版社，2013.8

ISBN 978-7-5160-0473-9

Ⅰ. ①A… Ⅱ. ①邹… Ⅲ. ①机械制图—AutoCAD 软件—中等专业学校—教材 Ⅳ. ①TH126

中国版本图书馆CIP数据核字（2013）第137489号

内 容 简 介

本书结合中等职业教育改革发展示范校建设的实践经验，以适应中等职业学校关于培养技能型人才的要求编写。主要内容包括初识 AutoCAD、二维图形的绘制与编辑、机械图样的绘制、三维实体造型四个学习情境，介绍 AutoCAD 绘图的界面组成及鼠标、键盘等的操作技巧、二维绘图和编辑命令、通过绘制机械图样使学生掌握图层、文字标注、块、尺寸公差、几何公差标注等相关知识，并通过有趣的三维实体介绍基本几何体建模、拉伸、旋转、放样、扫掠及布尔运算等建模方法。

本书采用任务驱动、案例引领、实例讲解模式，内容丰富，分类明确，知识框架结构安排符合读者的认知规律，使读者学习起来轻松便捷。

本书适合作为中等职业学校机电类及相关专业学生教材，也可作为AutoCAD的初中级用户、机械制图、计算机辅助设计爱好者的参考书，还可作为制图员的培训教材。

本书有配套课件，读者可登录我社网站免费下载。

AutoCAD 机械绘图

主　编　邹　蓉

副主编　于金凤　姜礼鑫　王建珍

出版发行：中国建材工业出版社

地　　址：北京市西城区车公庄大街6号

邮　　编：100044

经　　销：全国各地新华书店

印　　刷：北京雁林吉兆印刷有限公司

开　　本：787mm×1092mm　1/16

印　　张：16.75

字　　数：416千字

版　　次：2013 年 8 月第 1 版

印　　次：2013 年 8 月第 1 次

定　　价：40.00 元

本社网址：www.jccbs.com.cn

本书如出现印装质量问题，由我社发行部负责调换。联系电话：(010)88386906

前　　言

AutoCAD 是美国 Autodesk 公司开发的计算机辅助设计绘图软件，广泛应用于机械、建筑、电子、航天航空、纺织等行业。该软件自 1982 年问世以来，已经进行了 20 多次升级，不同版本间功能基本相同，而新版本更多的改进在于网络协作、修正 BUG、增强系统安全行、稳定性及界面调整等。

本书主要特色：

本书以培养读者掌握运用 AutoCAD 软件抄画机械图样的能力为宗旨，以学会绘制机械图样为主线，从入门开始，由浅入深、循序渐进。本书主要特色如下：

- **·任务驱动、案例引领**：本书每个任务都是由编者精心设计的案例引领，驱动学生掌握相关的计算机操作技能，实现做中学、做中教，让学生体验各命令的实际应用。避免枯燥、单一的命令讲解。

- **·内容丰富、分类明确**：本书涵盖了从软件启动、绘制完整的零件图、装配图、简单的三维实体造型到打印出图的整个过程，并且对 AutoCAD 的知识进行了详细合理的划分，尽可能使知识框架结构安排符合读者的学习习惯，使读者学习起来轻松便捷。

- **·实例讲解、资源丰富**：本书中涉及的命令尽可能少讲解，多实例操作，并配有各个步骤的图片及操作说明，学习起来更加简单易懂。教材配有相应的习题答案及习题操作视频等丰富的教学资源。

本书主要内容：

本书共分为四个学习情境：

学习情境一　初识 AutoCAD：介绍 AutoCAD 绘图的界面组成及鼠标、键盘等的操作技巧。

学习情境二　二维图形的绘制与编辑：掌握二维绘图和编辑命令。

学习情境三　机械图样的绘制：介绍使用 AutoCAD 抄画机械图样中图框和标题栏、视图、尺寸标注、技术要求、轴测图、装配图等绘制方法，并讲解了图层、文字标注、块、尺寸公差、几何公差标注等相关知识。

学习情境四　三维实体造型：简单介绍了 AutoCAD 建模方法，包括基本几何体建模、拉伸、旋转、放样、扫掠及布尔运算等造型技巧。

学时安排建议：

学习情境	建议学时(共96)
学习情境一　初识 AutoCAD	6
学习情境二　二维图形的绘制与编辑	24
学习情境三　机械图样的绘制	44
学习情境四　三维实体造型	22

适用对象：

本书适合作为中等职业学校机电类专业教材，也可作为 AutoCAD 初中级用户、计算机辅助设计爱好者的学习参考书，还可作为制图员的培训教材。

本书是青岛经济技术开发区职业中专 AutoCAD 课程组示范校建设的重要成果，由邹蓉任主编，于金凤、姜礼鑫、王建珍任副主编，教材编写得到毕明霞、杨龙、韩艳、赵丽、孙海燕等老师的帮助和机电部赵贵森部长、上汽部韩维启部长、侯方奎副校长、崔秀光校长的大力支持，在此一并表示衷心感谢！

由于时间仓促及编者的水平所限，书中不当之处，恳请读者批评指正。

编　者

2013 年 6 月

目　　录

感受 AutoCAD

丁丁是青岛某职业中专高一机电专业的学生,爸爸是机械工程师,自从上职专以来,丁丁突然感觉跟爸爸有了许多共同语言,晚上吃饭时,可以跟爸爸谈白天学习的电工基础、机械制图、机械基础等内容,对于丁丁不明白的知识,爸爸都一一进行解答,看见孩子对专业知识的学习兴趣浓厚,孩子的精神状态好,爸爸由衷的高兴,另一方面,丁丁看到爸爸专业知识如此扎实,对爸爸钦佩的同时又万分自豪。这不,晚上写完作业后,丁丁溜进了书房,看看爸爸在干什么?

推门一看,爸爸正在电脑前进行设计。使用的软件是 AutoCAD,丁丁大喜叫道:"爸爸,明天我们有电脑绘图课,听说也是用 AutoCAD 这个软件。爸爸,您先教教我吧,这样,我就能比别人先学会了,"爸爸说:"你们也开设这门课? 那太好了! 这款软件不仅可以在机械、建筑、家装、土地测绘等行业有实际应用,同时它还是一款有趣的二维、三维绘图软件,我今天就先让你感受一下它的绘图功能吧,你不是从小就喜欢太极图和五角星吗? 我今天给你示范一下这两个图的画法,看看我画完后你能否画出?"

说着,爸爸开始绘图,丁丁仔细看好爸爸的操作,生怕把哪一个步骤错过了。

一、启动软件

操作步骤:在桌面上双击 AutoCAD 图标，启动 AutoCAD,查看界面右下方状态栏中切换工作空间是不是"二维草图与注释"(图 0-1),若不是,单击按钮，选择"二维草图与注释"选项。

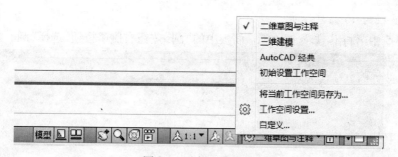

图 0-1　选择工作空间

此时,计算机进入二维草图与注释工作空间界面,如图 0-2 所示。

1

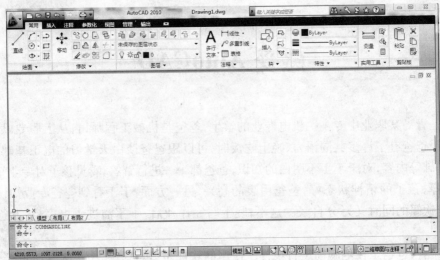

图 0-2　二维草图与注释工作空间界面

二、绘制太极图

绘制图 0-3 所示太极图，尺寸如图 0-4 所示。

图 0-3　太极图

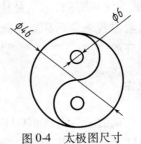

图 0-4　太极图尺寸

操作步骤：

1. 绘制直径为 46 的外圆

单击图 0-5 中"常用"选项卡"绘图"面板中的"圆"按钮右侧▼按钮，选择"圆心、直径"选项。

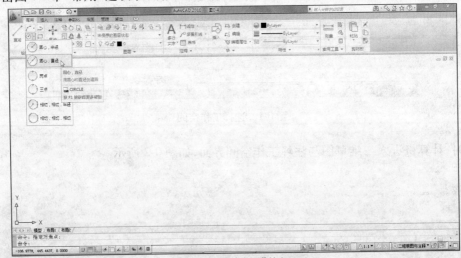

图 0-5　单击"圆"按钮

绘图区下方的命令提示行提示：

命令:circle 指定圆的圆心或[三点(3P)/两点(2P)/切点、切点、半径(T)]:
在绘图区任意单击一点作为圆心，命令提示行又提示：

指定圆的半径或[直径(D)]:d 指定圆的直径:
此时输入直径 46 并按【Space】键确定，即完成外圆的绘制，如图 0-6 所示。

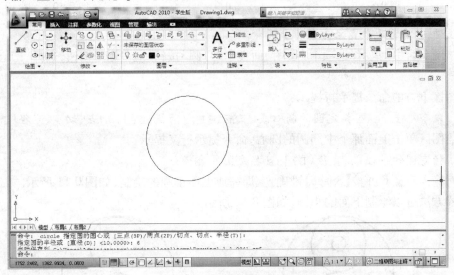

图 0-6　绘制直径为 46 的圆

温馨提示：

① 如圆太小或太小，无法显示圆，可双击鼠标滚轮，即可看见圆。滚轮往前滚图形放大，往后滚图形缩小。

② 若没有特别说明，本书中说到的"单击"就是单击鼠标左键。

2. 绘制中间的两个半圆弧

单击图 0-5 中"常用"选项卡"绘图"面板中的"圆"按钮，右侧▼按钮，选择"两点"选项，如图 0-7 所示。

绘图区下方的命令提示行提示：

命令:_circle 指定圆的圆心或[三点(3P)/两点(2P)/切点、切点、半径(T)]:_2p 指定圆直径的第一个端点:

此时单击直径为 46 圆最上的象限点(图 0-8)，接着命令提示：

指定圆直径的第二个端点:

此时单击直径为 46 圆的圆心，即可完成上面的中间圆，如图 0-9 所示。

同样方法绘制下面的中间圆，如图 0-10 所示。

图 0-7　"圆"按钮

图 0-8   图 0-9   图 0-10

3. 绘制中间的两个直径为 6 的小圆

单击图 0-5 中"常用"选项卡"绘图"面板中的"圆"按钮⊙·右侧▼按钮,选择"圆心、直径"选项。

绘图区下方的命令提示行提示:

命令:_circle 指定圆的圆心或[三点(3P)/两点(2P)/切点、切点、半径(T)]:

在绘图区单击上面那个中间圆的圆心,命令提示行又提示:

指定圆的半径或[直径(D)]:d 指定圆的直径:

此时输入直径 6 并按【Space】键确定,即完成上面小圆的绘制,如图 0-11 所示。

同样方法可以绘制下面的小圆,如图 0-12 所示。

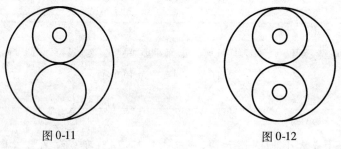

图 0-11   图 0-12

4. 修剪多余的圆弧

单击"常用"选项卡"修改"面板中的"修剪"按钮，如图 0-13 所示。

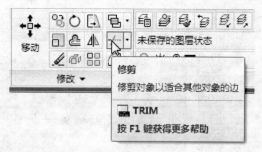

图 0-13 "修剪"按钮

绘图区下方的命令提示行提示:

选择对象或<全部选择>:

此时按【Space】键,命令提示行又提示:

选择要修剪的对象,或按住 Shift 键选择要延伸的对象,或[栏选(F)/窗交(C)/投影(P)/边(E)/删除(R)/放弃(U)]:

此时单击中间上圆的左半部分(图 0-14),接着单击中间下圆的右半部分(图 0-15)。
按【Space】键结束,修剪完,效果如图 0-16 所示。

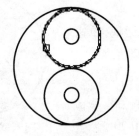

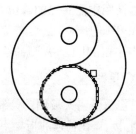

图 0-14　单击中间上圆的左半部分　　　　图 0-15　单击中间下圆的右半部分

5. 填充黑色

单击"常用"选项卡"绘图"面板中的"渐变色"按钮 ,如图 0-17 所示。

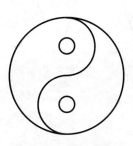

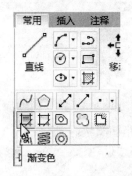

图 0-16　修剪效果　　　　　　　　　图 0-17　"渐变色"按钮

弹出图 0-18 所示"图案填充与渐变色"对话框,按图示选择好单色→黑色,将"暗明"滑块
滑到适合的位置,使黑色分布均匀,单击右上侧"边界"选项组中"添加:拾取点"按钮 。

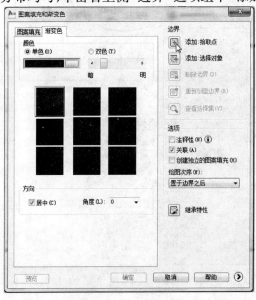

图 0-18　"图案填充和渐变色"对话框

命令提示：

拾取内部点或[选择对象(S)/删除边界(B)]：

此时单击太极图中需涂黑的部位，如图 0-19 所示。

此时弹回图 0-18 所示"图案填充和渐变色"对话框，单击"确定"按钮，即完成图 0-3 太极图的绘制。

三、绘制五角星图

丁丁看到爸爸示范完太极图的绘制过程后，自己顺利地完成了人极图的绘制，接着，在爸爸的指导下他还绘制了图 0-20 所示五角星，你也能在老师指导下绘制五角星吗？尺寸如图 0-21 所示。

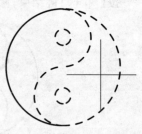

图 0-19　单击需涂黑的部位

图 0-20　红色五角星　　　　　　图 0-21　五角星尺寸

作图思路如图 0-22 所示。

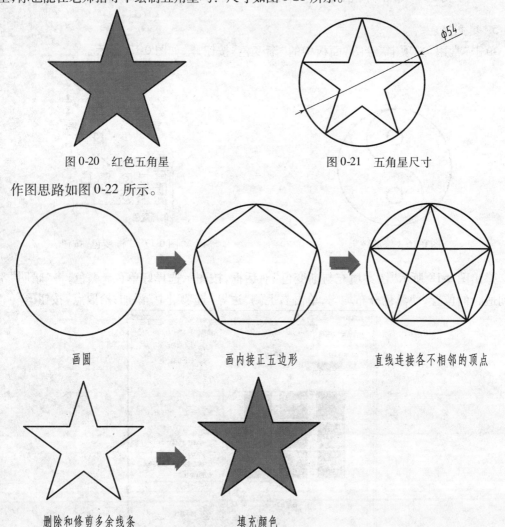

画圆　　　　　　画内接正五边形　　　　　　直线连接各不相邻的顶点

删除和修剪多余线条　　　　　　填充颜色

图 0-22　五角星作图思路

温馨提示：正五边形的绘制方式选择圆心、内接于圆的方式，按提示进行绘制。

学习情境一　初识 AutoCAD

丁丁通过前面太极图和五角星的绘制意识到:要想熟练运用 AutoCAD 绘图,必先熟悉其工作界面组成并掌握 AutoCAD 的基本操作技巧。于是他开始了工作界面和基本操作的学习。

本情境学习任务

任务一　AutoCAD 界面组成;
任务二　AutoCAD 基本操作。

任务一　AutoCAD 界面组成

任务介绍

丁丁想从启动 AutoCAD、工作空间、界面组成开始,全面认识 AutoCAD。

任务解析

要了解 AutoCAD 的界面组成,首先要了解工作空间的概念及切换,然后才能在某一工作空间中进行工作界面的认识,因为工作空间不同,工作界面也不同。

任务实施

一、AutoCAD 的启动方式

方法一:双击桌面 AutoCAD 快捷方式图标,如图 1-1-1(a)即可快速启动 AutoCAD。

(a)　桌面快捷方式

方法二:单击"开始"→"所有程序"→ Autodesk → AutoCAD 2010-Simplified Chinese → Auto-CAD 2010,如图 1-1-1(b)所示,即可启动 AutoCAD。

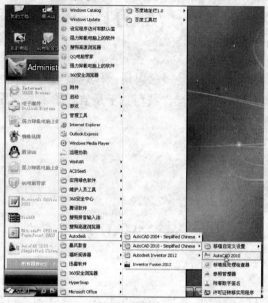

(b)"开始"菜单

图 1-1-1　启动 AutoCAD

试一试:AutoCAD 的关闭也非常简单,你能找到几种关闭方式呢?

二、了解 AutoCAD 的工作空间

AutoCAD 提供了"二维草图与注释"(图 1-1-2)、"三维建模"(图 1-1-3)、"AutoCAD 经典"(图 1-1-4)、"初始设置工作空间"(图 1-1-5)四种工作空间,用户可以随时轻松地切换工作空间。使用某一工作空间时,只显示与该工作任务相关的工具栏、菜单和选项板,例如,在绘制二维图形时,可以使用"二维草图与注释"工作空间,该空间仅包含与二维绘图相关的工具栏、菜单和选项板。二维绘图不需要的界面、工具项会被隐藏,使得用户的工作屏幕区域最大化。

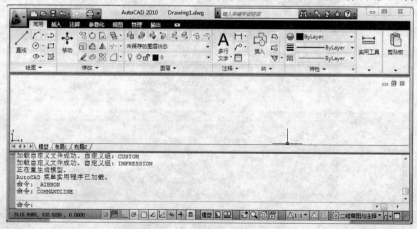

图 1-1-2　二维草图与注释工作空间

图 1-1-3 三维建模工作空间

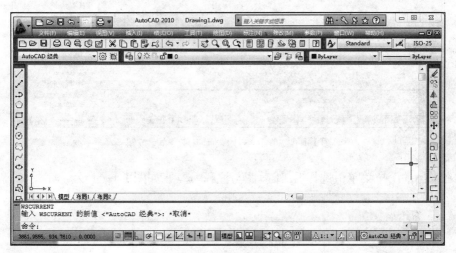

图 1-1-4 AutoCAD 经典工作空间

图 1-1-5 初始设置工作空间

四个工作空间的区别：

① "二维草图与注释"主要用于二维图形的绘制。

② "三维建模"主要用于三维实体造型。

③ "AutoCAD 经典"主要满足某些习惯于"工具条"使用者的需求。

④ "初始设置工作空间"是安装 AutoCAD 时设定的工作空间。

【例1】 将"初始设置工作空间"切换为"二维草图与注释"工作空间。

步骤：

① 在屏幕右下角状态栏单击"初始设置工作空间"按钮 ，如图 1-1-6 所示。

图 1-1-6 单击"初始设置工作空间"按钮

② 在弹出的下拉菜单中选择"二维草图与注释"选项，如图 1-1-7 所示。

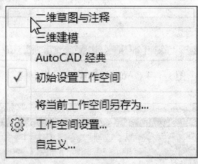

图 1-1-7 选择"二维草图与注释"选项

③ 通过上面的操作即可切换"初始设置工作空间"为"二维草图与注释"工作空间。

温馨提示：

① 如不特别说明，在本书学习情境一、学习情境二、学习情境三中，我们都在"二维草图与注释"工作空间中绘制图形；学习情境四在"三维建模"工作空间绘制图形。

② 四个工作空间的切换方法均与本例相同。

三、了解 AutoCAD 的界面组成

下面以"二维草图与注释"工作空间为例（其他工作空间与其相似），介绍 AutoCAD 的工作界面。如图 1-1-8 所示，"二维草图与注释"工作空间的工作界面是由标题栏、菜单栏、选项卡与面板、绘图区、命令提示区和状态栏组成。

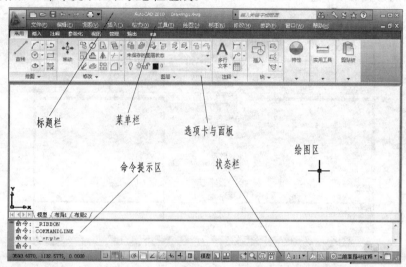

图 1-1-8 "二维草图与注释"工作空间界面组成

【例2】 认识标题栏。

标题栏如图 1-1-9 所示，位于工作界面的最上方，标题栏包括：

图 1-1-9 标题栏

① 菜单浏览器按钮 ：单击该按钮，可以弹出下拉菜单，选择相应菜单项可以进行"新建""打开""保存"等相应的操作，如图 1-1-10 所示。

② 快速访问工具栏 ：包括"新建"按钮、"打开"按钮、"保存"按钮、"放弃"按钮、"重做"按钮 和"打印"按钮。

③ 标题名称 AutoCAD 2010 Drawing1.dwg ：显示程序名称和文件名称。

④ 搜索框 ：包括"搜索"按钮、"速博应用中心"按钮、"通讯中心"按钮、"收藏夹"按钮、"帮助"按钮。

⑤ 最小化、最大化和关闭按钮 ：可以实现将 AutoCAD 窗口最小化到任务栏、将 AutoCAD 最大化显示和将 AutoCAD 窗口关闭的功能。

图 1-1-10 菜单项

11

【例3】 认识菜单栏。

步骤:

① 菜单栏位于标题栏下方,包括文件(F)、编辑(E)、视图(V)、插入(I)、格式(O)、工具(T)、绘图(D)、标注(N)、修改(M)、参数(P)、窗口(W)和帮助(H)等主菜单,单击相应的主菜单,在弹出的下拉菜单中选择相应菜单项可以进行相应的操作,如图1-1-11所示。

图 1-1-11　菜单栏

② 默认情况下,启动AutoCAD后不显示菜单栏,用户单击"快速访问"按钮工具栏最右侧的"其他"按钮█,如图1-1-12所示,在弹出的下拉菜单中选择"显示菜单栏",此时将在工作界面中显示菜单栏。如果准备隐藏菜单栏,还是单击"其他"按钮█,在弹出的下拉菜单中选择"隐藏菜单栏"即可(或右击菜单栏,在弹出的快捷菜单中选择"隐藏菜单栏")。

【例4】 认识选项卡与面板。

选项卡与面板位于菜单栏下方(若菜单栏隐藏,则它直接位于标题栏下方),在默认情况下,AutoCAD 工作界面包括常用、插入、注释、参数化、视图、管理和输出七个选项卡,每个选项卡中包括多个工具面板,如在"常用"选项卡中包括绘图、修改、图层、注释、块、特性、实用工具和剪切板等面板,如图1-1-13所示。

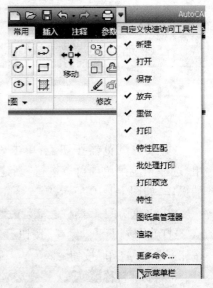

图 1-1-12　显示或隐藏菜单栏

图 1-1-13　选项卡与面板

试一试：

① 右击选项卡，在弹出的快捷菜单中可以将选项卡最小化、浮动和关闭等。单击"输出"选项卡右侧的"最小化为面板标题"按钮 🔽，也可以使面板在"显示完整的功能区""最小化为面板标题""最小化为选项卡"之间切换。

② 单击"插入"、"注释"、"参数化"、"视图"、"管理"和"输出"选项卡，熟悉这些选项卡的面板。

【例5】 认识绘图区。

绘图区位于选项卡与面板的下方，是用户绘图的空白工作区域如图 1-1-14 所示。开始进入绘图状态时，在绘图区显示十字光标。绘图区左下角显示有坐标系图标。绘图区下方有三个选项卡"模型""布局 1""布局 2"，用户可在模型与图纸之间切换，一般绘图都在模型空间进行。布局空间也是图纸空间。

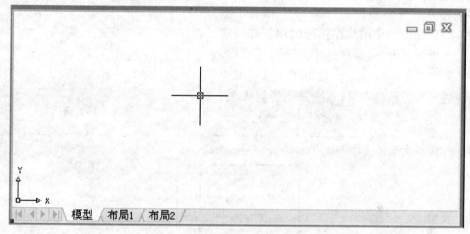

图 1-1-14　绘图区

【例6】 认识命令提示区。

命令提示区又称文本区，位于绘图区下方，如图 1-1-15 所示，用于显示提示信息或输入数据等，是显示用户与 AutoCAD 对话信息的地方。

图 1-1-15　命令提示区

温馨提示： 绘图时应时刻关注这个区的提示信息，根据提示，确定下一步的操作，否则将容易造成错误操作。

【例7】 认识状态栏。

状态栏位于工作界面的最底部（图 1-1-16），分别为应用程序状态栏和图形状态栏。其中，应用程序状态栏显示光标的坐标值、绘图工具、导航工具，快速查看和注释缩放的工具等。

图 1-1-16　状态栏

本书将重点介绍状态栏中绘图工具的功能,绘图工具包括 9 个按钮如图 1-1-17 所示,分别是捕捉模式、栅格显示、正交模式、极轴追踪、对象捕捉、对象捕捉追踪、允许/禁止动态 UCS、允许/禁止动态输入、显示/隐藏线宽按钮。

图 1-1-17　绘图工具

①"捕捉模式"按钮▦:该按钮用于开启或关闭捕捉。捕捉模式可以使光标能够很容易地抓取到每一个栅格上的点(通常处于关闭)。

②"栅格显示"按钮▦:该按钮用于开启或关闭栅格的显示。开启该按钮时屏幕将布满小点(图 1-1-18)。栅格的作用是在作图时用于辅助定位和显示图纸幅面大小(通常处于关闭)。

③"正交模式"按钮▦:该按钮用于开启或关闭正交模式。打开该模式时,系统只能捕捉 X 轴、Y 轴两个方向,不能画斜线(通常处于关闭)。

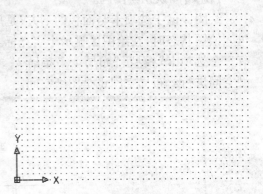

图 1-1-18　栅格

试一试:打开正交模式绘制图 1-1-19 所示正方形。

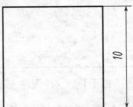

图 1-1-19　绘制正方形

操作:单击图 1-1-20 中"常用"选项卡"绘图"面板中的"直线"按钮。

命令提示:

line 指定第一点:(绘图区空白处单击)

指定下一点或[放弃(U)]:(鼠标向右引出方向,输入 10↙)

指定下一点或[放弃(U)]:(鼠标向上引出方向,输入 10↙)

图 1-1-20　单击"直线"按钮

指定下一点或[闭合(C)/放弃(U)]:(鼠标向左引出方向,输入 10↙)

指定下一点或[闭合(C)/放弃(U)]:(鼠标向下引出方向,输入 10↙)

指定下一点或[闭合(C)/放弃(U)]:(↙)

完成全图。

④ 极轴追踪按钮 ⚿：该按钮用于开启或关闭极轴追踪模式。打开该模式绘图时，系统将根据设置角度显示一条追踪线（虚线），用户可以在该追踪线上根据提示精确移动光标或输入数据，从而进行精确绘图。

追踪角度设置办法：右击按钮 ⚿，弹出如图 1-1-21（a）所示右键菜单，选择"设置"，弹出"草图设置"对话框如图 1-1-21（b）所示，利用"极轴追踪"选项卡中的"极轴角设置"区，可以设置角度增量或新建附加角，从而实现所需角度的追踪（对于特殊角度，可在图 1-1-21（a）右键菜单弹出时直接选择所需角度）。

（a）极轴追踪按钮 ⚿ 右键菜单　　　　（b）"草图设置"对话框

图 1-1-21　极轴追踪设置

试一试：打开极轴追踪模式绘制图 1-1-22 所示角。

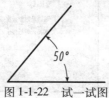

图 1-1-22　试一试图

操作：右击按钮 ⚿，弹出右键菜单时选择 10，如图 1-1-23 所示。

单击图 1-1-24 中"常用"选项卡"绘图"面板中的"直线"按钮。

图 1-1-23　选择 10°　　　　图 1-1-24　绘图工具面板

命令提示：

line 指定第一点：（绘图区空白处单击）

指定下一点或[放弃(U)]:（鼠标向左引出追踪线适当的长度单击）

指定下一点或[放弃(U)]:（鼠标向右上方引出 50°追踪线适当的长度单击）

指定下一点或[闭合(C)/放弃(U)]:（↙）

完成全图。

⑤ "对象捕捉"按钮▢:该按钮用于开启或者关闭对象捕捉,对象捕捉能使光标在接近某些特殊点的时候能够自动指引到那些特殊的点。

捕捉对象设置办法:右击按钮▢,弹出图 1-1-25(a)所示右键菜单,选择"设置",弹出"草图设置"对话框,利用"对象捕捉"选项卡中的"对象捕捉模式",选中绘图时需要捕捉的点,通常状态下需要捕捉的点有端点、中点、圆心、象限点、交点和切点,如图 1-1-25(b)所示。

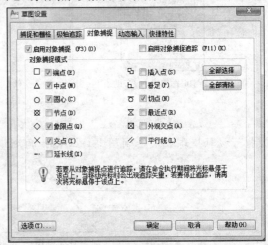

（a）按钮▢右键菜单　　　（b）"草图设置"对话框

图 1-1-25　捕捉对象设置

试一试:打开对象捕捉,按上述要求选择对象捕捉模式,将图 1-1-26(a)中正方形的中点分别用直线连起来,如图 1-1-26(b)所示。

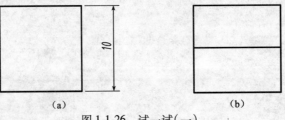

（a）　　　　　（b）

图 1-1-26　试一试（一）

操作:单击"常用"选项卡"绘图"面板中的"直线"按钮。

命令提示：

　　line 指定第一点：（光标靠近左边中点，出现中点标识▲时单击鼠标）

　　指定下一点或[放弃(U)]：（光标靠近右边中点，出现中点标识▲时单击鼠标）

完成全图。

⑥"对象捕捉追踪"按钮：该按钮用于开启或者关闭对象捕捉追踪。该功能和对象捕捉功能一起使用，通过捕捉对象上的关键点，并沿着极轴方向拖动光标，可以显示当前的位置与捕捉点的关系。

试一试：画两条相距 10，长为 7 的直线如图 1-1-27 所示。

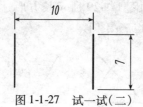

图 1-1-27　试一试（二）

操作：单击"常用"选项卡"绘图"面板中的"直线"按钮。

命令提示：

　　line 指定第一点：（绘图区空白处单击）

　　指定下一点或[放弃(U)]：（向下引出追踪线输入 7 ↙）

重复直线命令。

命令提示：

　　line 指定第一点：（光标碰击刚绘制的直线上端点，向右引出追踪线输入 10 ↙）

　　指定下一点或[放弃(U)]：（向下引出追踪线输入 7 ↙）

完成全图。

⑦"允许/禁止动态 UCS"按钮：该按钮用于切换允许和禁止 UCS（用户坐标系，在三维模块中介绍，通常处于打开）。

⑧"允许/禁止动态输入"按钮：该按钮用于动态输入的开启和关闭。动态输入开启，输入的数据在绘图区显示，如图 1-1-28（a）所示；动态输入关闭，输入的数据在命令提示区显示，如图 1-1-28（b）所示。

（a）动态输入框　　　　　（b）命令提示区

图 1-1-28　允许/禁止动态输入

⑨"显示/隐藏线宽"按钮：该按钮用于线宽的显示控制，打开该模式，可以在绘图时显示不同线型的线宽。

任务小结

本任务主要是熟悉 AutoCAD 的界面组成,为今后熟练运用 AutoCAD 奠定坚实的基础,其中工作界面的认识是本任务重点,状态栏的熟练设置是本任务的重点也是难点,需要在今后的应用中逐渐掌握。

练习题

1. 分别用两种方式启动和关闭 AutoCAD。
2. 分别进入 AutoCAD 的四种工作空间。
3. 查看四种空间分别有哪些标签和工具面板。
4. 栅格显示/关闭练习。
5. 用正交模式和直线命令绘制图 1-1-29 所示长方形。
6. 利用极轴追踪绘制图 1-1-30 所示图形。

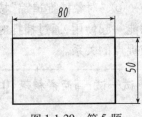

图 1-1-29　第 5 题

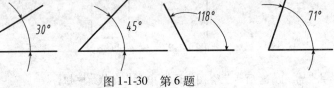

图 1-1-30　第 6 题

7. 打开文件夹:习题\素材 1-7,利用对象捕捉绘制图 1-1-31 所示图形。

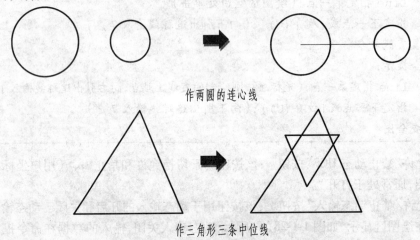

作两圆的连心线

作三角形三条中位线

图 1-1-31　第 7 题

8. 打开文件夹:习题\素材 1-8,利用对象捕捉追踪绘制直线 *AB*,如图 1-1-32 所示。

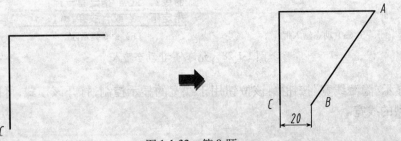

图 1-1-32　第 8 题

任务二　AutoCAD 基本操作

任务介绍

丁丁熟悉 AutoCAD 的工作界面后,感觉到绘图还是有点儿力不从心,例如:键盘、鼠标、命令的输入、终止方式及点的输入方式等的操作技巧没有掌握得很熟练,因此他想熟练掌握其中的操作技巧。

任务解析

AutoCAD 操作中,鼠标、键盘等的操作技巧与大家熟悉的其他办公软件有许多的不一样,下面以直线命令为载体,介绍其操作技巧。

任务实施

一、"直线"绘图命令及点的输入方式

通过"绘图"→"直线"菜单或单击"常用"选项卡"绘图"面板中的"直线"按钮✏等(图 1-2-1),可以执行绘制直线的命令。

（a）菜单　　　　　（b）面板

图 1-2-1　直线命令

【例1】　用"直线"命令绘制图 1-2-2(a)所示图形,图中 A 点的绝对直角坐标为(100,180)。

步骤:

① 单击"常用"选项卡"绘图"面板中的"直线"命令✏。

② 命令提示:

19

命令: _line 指定第一点:(输入 100,180 ↙)点 1

指定下一点或[放弃(U)]:(向右引出一条追踪线后输入 40 ↙)点 2

指定下一点或[放弃(U)]:(输入@25,20 ↙)点 3

指定下一点或[闭合(C)/放弃(U)]:(向下引出一条追踪线后输入 80 ↙)点 4

指定下一点或[闭合(C)/放弃(U)]:(输入@-25,20 ↙)点 5

指定下一点或[闭合(C)/放弃(U)]:(向左引出一条追踪线后输入 40 ↙)点 6

指定下一点或[闭合(C)/放弃(U)]:(捕捉点 1 端点然后单击↙)点 1

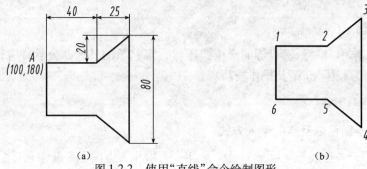

图 1-2-2 使用"直线"命令绘制图形

温馨提示:由【例 1】可见,在绘制直线时,关键是对直线端点的输入,当系统提示输入点时(以后遇到输入点也是如此),有三种输入方式:

①用鼠标输入点:在绘图区单击即可确定一点,也可以利用对象捕捉功能,捕捉到需要的特殊点,然后单击即可。如中点、圆心、端点、象限点、最后封口的点等。

②用键盘输入点的坐标:

绝对坐标:直接输入"X 坐标,Y 坐标",例如"100,180"。

相对坐标:输入形式为"@ΔX,ΔY"(ΔX、ΔY 表示相对于前一点的 X、Y 方向的变化量,X 坐标向右为正,向左为负;Y 坐标向上为正,向下为负)。例如@25,20;@-25,20。

③用给定距离的方式输入点:(注:常用)

用鼠标导向,利用追踪线确定下一点的方向,从键盘直接输入相对前一点的距离,按【Enter】键或【Space】键确定。例如点 2、点 4、点 6。

二、鼠标

AutoCAD 中,鼠标左键、右键、滚轮的功能如下:

1. 左键功能

拾取(选择)对象;

选取菜单;

输入点;直接单击一个点,或者通过捕捉的方法选择一个特征点。

2. 右键功能

确认拾取;

终止当前命令;

重复上一条命令;

弹出快捷菜单;

3．滚轮功能

转动滚轮，可以实时缩放当前图形在窗口中显示的大小和位置；

按住滚轮并拖动鼠标，可以实时平移；

双击滚轮，可以实现显示全部图形。

三、键盘

AutoCAD 键盘中几个有操作技巧的键

1．【Space】键的功能

结束数据的输入，或确认缺省值；

结束命令；

重复上一条命令。

2．【Enter】键的功能

与【Space】键相同。

3．【Esc】键的功能

取消命令。

4．【Delete】键的功能

选择对象后，按该键将删除选择的对象。

【例2】　利用鼠标、键盘绘制图 1-2-3 所示平行线（要求：长度和间距自定，利用【Esc】键取消直线命令；用鼠标左键选择最下一条线，按【Delete】键删除该线）。

图 1-2-3　例2图

步骤：

① 单击"常用"选项卡"绘图"面板中的"直线"命令按钮　。

② 命令提示：

指定第一点：（单击屏幕上任一点）

指定下一点或［放弃(U)］：（水平追踪线适当长度上单击一点）

指定下一点或［放弃(U)］：（按【Space】键结束当前直线命令，再按【Space】键重复下一条直线命令）

命令：指定第一点：（光标移至第一条直线左端点，往下寻找一个适当的距离单击输入一个点）

指定下一点或［放弃(U)］：（水平追踪线适当长度上单击任意一点）

③ 如上重复画出第三、第四条直线，按【Esc】取消直线命令。

④ 单击选取第四条直线，按【Delete】键删除该线。

任务小结

① 输入数据或选项后，必须按【Enter】键或【Space】键加以确定。若输入数据后命令提示输入数据无效，则应把输入法切换成英文输入法。

② 若在"指定下一点或［闭合(C)/放弃(U)］："提示下输入 U 或选择右键菜单中的"放弃"选项，将撤销最后画出的一条线段，并继续提示："指定下一点或［放弃(U)］："。

③ 用"直线"命令所画折线中的每一段线段都是一个独立的对象。

④ 初学者在操作过程中，必须密切注视着命令提示行的提示信息，根据提示，确定下一步

21

要进行的操作,这是用 AutoCAD 绘图所必须养成的习惯。

⑤ AutoCAD 中绘图、修改等命令的输入方式有三种:

● 单击命令按钮:即用鼠标在工具面板上单击要输入的命令(适合初学者使用,本书以这种方法进行操作)。

● 菜单栏中选取。即用鼠标从菜单栏中单击要输入的命令(注:太慢)。

● 用键盘输入。即在"命令:"状态下,输入命令名,然后按【Enter】键或【Space】键(建议熟练后使用,能提高画图速度,但是需要记住代表各种命令的英文字母)。

拓展提高

一、综合训练

在利用直线绘制机械图样的过程中,经常会用到利用极轴追踪按给定的距离绘制某一角度线段的例子,同学们要熟练掌握。

【例3】 用"直线"命令绘制图 1-2-4 所示图形。

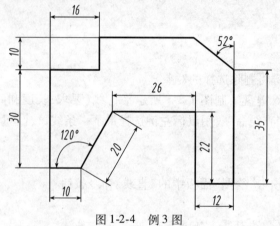

图 1-2-4　例 3 图

步骤:

① 单击"常用"选项卡"绘图"面板中的"直线"命令 ✎。

② 命令提示:

　　指定第一点:(屏幕上任意单击)

　　指定下一点或[放弃(U)]:(向下引出追踪线,输入 10 ✎)

　　指定下一点或[放弃(U)]:(向左引出追踪线,输入 16 ✎)

　　指定下一点或[放弃(U)]:(向下引出追踪线,输入 30 ✎)

　　指定下一点或[放弃(U)]:(向右引出追踪线,输入 10 ✎)

　　指定下一点或[放弃(U)]:(引出 60°追踪线,输入 20 ✎)

　　指定下一点或[放弃(U)]:(向右引出追踪线,输入 26 ✎)

　　指定下一点或[放弃(U)]:(向下引出追踪线,输入 22 ✎)

　　指定下一点或[放弃(U)]:(向右引出追踪线,输入 12 ✎)

　　指定下一点或[放弃(U)]:(向上引出追踪线,输入 35 ✎)

　　指定下一点或[放弃(U)]:(引出 142°追踪线,再碰一下第一个点引出一条水平追踪线,单击两条追踪线的交点)

　　指定下一点或[放弃(U)]:单击第一个点即可

二、储存和打开文件

AutoCAD 中同样存在将已经绘制好的文件保存下来和打开已经保存过的文件这样的操作,具体方法见下面的例题。

【例4】 将【例3】中的图形保存在 D:\绘图练习,文件名为"图1-2-4"。

步骤:

① 在 D 盘中新建"绘图练习"文件夹。

② 单击"标题栏"中快速访问工具栏 中的"保存"按钮 ,弹出"图形另存为"对话框如图1-2-5所示。

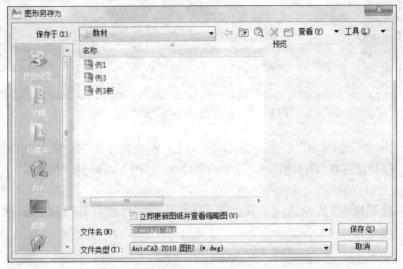

图 1-2-5 "图形另存为"对话框

③ 选择保存位置为 D 盘,如图 1-2-6 所示。

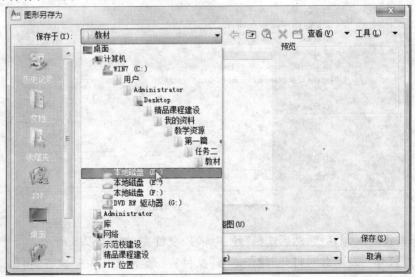

图 1-2-6 选择保存位置为 D 盘

④ 在 D 盘中选择"绘图练习"文件夹,如图 1-2-7 所示。

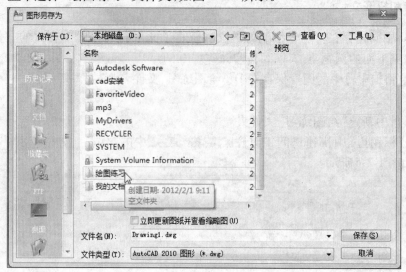

图 1-2-7   选择"绘图练习"文件夹

⑤ 输入文件名"图 1-2-4",(注意:后缀名 . dwg 不能动),单击"保存"按钮即可储存文件。

【例 5】   打开保存在"D:\绘图练习"中的文件名为"图 1-2-4"的文件。

步骤:

① 单击"标题栏"中快速访问工具栏中的"打开"按钮,弹出对话框如图 1-2-8 所示。

图 1-2-8   "选择文件"对话框

② 选择查找范围为 D 盘,然后选择"绘图练习"文件夹,如图 1-2-9 所示。

③ 单击"打开"按钮,此时打开"绘图练习"文件夹,选择"图 1-2-4"文件,再单击"打开"按钮即可打开文件,如图 1-2-10 所示。

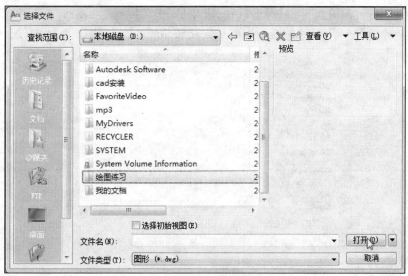

图 1-2-9　选择"绘图练习"文件夹

图 1-2-10　打开"图 1-2-4"文件

温馨提示：

　　从【例 4】和【例 5】可以看出，AutoCAD 中储存和打开文件的方法与其他办公软件的方式基本相同，只是特别注意选择文件类型（图形文件或样板文件）。

　　图形文件后缀名为（＊.dwg）：一般图形文件应使用缺省类型（＊.dwg）。

　　样板文件后缀名为（＊.dwt）：若想使文件以模板文件保存，则应采用样板文件（＊.dwt），在学习情境三中我们会用到，到时再详细学习。

三、删除

　　用计算机绘图时，经常会出现一些多余的线条或错误的操作，除了前面介绍的先选择删除对象,后按【Delete】键删除以外(这种方法快,常用!),还可以通过"修改"→"删除"菜单或"常用"选项卡中"修改"面板中的"删除"按钮✐等,执行删除命令,如图 1-2-11 所示,操作较简单,这里不再举例。

（a）菜单　　　　　　　（b）面板

图 1-2-11　删除命令

四、选择对象

AutoCAD 中,当命令提示行出现"选择对象:"时,系统处于让用户选择对象的状态,此时屏幕上的十字光标就变成了一个活动的小方框,这个小方框称为"对象拾取框",此时选择的方式有以下三种:

1. 直接点取方式

该方式一次只选一个对象,在出现"选择对象:"提示时,直接移动鼠标,将对象拾取框移到所要选择的对象上并单击,该对象变成虚像显示,即表示该对象已被选中,如图 1-2-12 所示。

2. 交叉窗口方式

图 1-2-12　点选方式

该方式可以选中完全和部分在窗口内的所有对象。在出现"选择对象:"提示时,先给出窗口右下角点,再给出窗口左上角点,完全和部分处于窗口内的所有对象都变成虚像显示,即表示该对象已被选中,如图 1-2-13 所示,三角形的三条边均被选中。

3. 窗口方式

该方式选中完全在窗口内的对象。在出现"选择对象:"提示时,先给出窗口左上角点,再给出窗口右下角点,完全处于窗口内的对象都变成虚像显示,即表示该对象已被选中,如图 1-2-14 所示,三角形只有底边被选中。

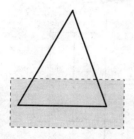

图 1-2-13 交叉窗口方式

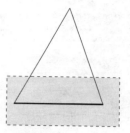

图 1-2-14 窗口方式

练习题

利用直线命令绘制图 1-2-15 ～图 1-2-24 所示图形。

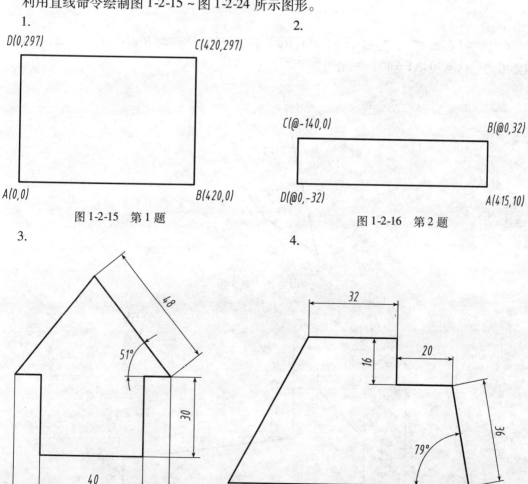

1.

D(0,297)　　C(420,297)

A(0,0)　　B(420,0)

图 1-2-15 第 1 题

2.

C(@-140,0)　　B(@0,32)

D(@0,-32)　　A(415,10)

图 1-2-16 第 2 题

3.

48
51°
30
40
60

图 1-2-17 第 3 题

4.

32
16
20
36
79°
87

图 1-2-18 第 4 题

5.

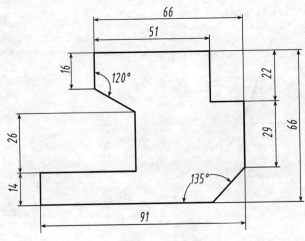

图 1-2-19　第 5 题

6. 如图 1-2-20 所示,已知 $A(20,40)$,$B(-20,-50)$,C 点距 B 点($\Delta X = 30$,$\Delta Y = 20$),D 点距 C 点($\Delta X = 30$,$\Delta Y = 40$),画出四边形。

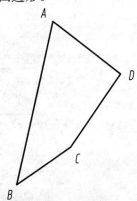

图 1-2-20　第 6 题

7.

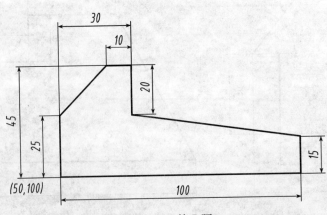

图 1-2-21　第 7 题

8.

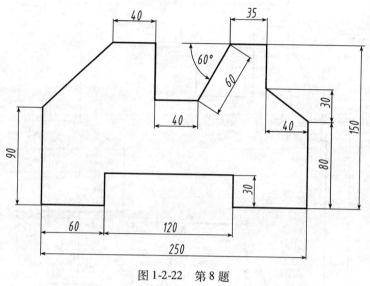

图 1-2-22　第 8 题

9.

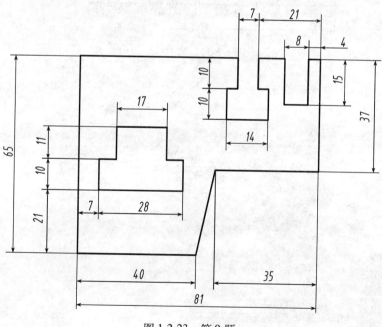

图 1-2-23　第 9 题

10.

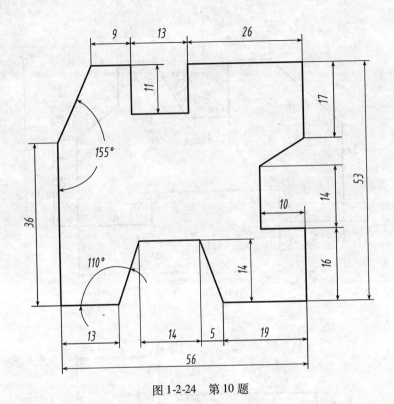

图 1-2-24　第 10 题

学习情境二　二维图形的绘制与编辑

丁丁通过学习情境一的学习,熟练掌握了 AutoCAD 的直线命令、键盘、鼠标等的基本操作技巧。他开始不满足画直线图形了,于是他想绘制一些难度更大的图形。本章将以 6 个学习任务引领丁丁学习 AutoCAD 中常用的绘图和修改的命令,熟练掌握绘图技能。

 本情境学习任务

任务一　二维鸡蛋的绘制;
任务二　扳手的绘制;
任务三　风扇叶片的绘制;
任务四　椭圆垫片的绘制;
任务五　凸轮的绘制;
任务六　操场跑道的绘制。

任务一　二维鸡蛋的绘制

任务介绍

丁丁学会了用直线命令绘图,心里痒痒的,他想:达·芬奇学习绘画是从画鸡蛋开始的,我能不能也用 AutoCAD 画出鸡蛋呢? 正好看到了图 2-1-1,他琢磨这个图该怎样绘出?

任务解析

以上图形由 6 段圆弧连接而成,需要运用"二维草图与注释空间"里面的"圆"与"修剪"命令,用"圆"命令画出图中标注半径的整圆,然后用"修剪"命令修剪掉多余的圆弧即可。

相关知识

一、圆的绘制

通过"绘图"→"圆"菜单或单击"常用"选项卡"绘图"面板中的"圆"按钮⊙等,如图 2-1-2 所示,可以执行绘圆命令。

"圆"命令是绘制各种图形时使用频率较高的命令之一(许多圆弧可以通过画圆后再修剪获得)。按照已知条件的不同,AutoCAD 提供 6 种画圆的方式"圆心、半径""圆心、直径""两点""三点""相切、相切、半径""相切、相切、相切",如图 2-1-3 所示。

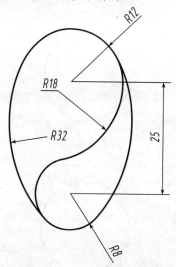

图 2-1-1　二维鸡蛋的绘制

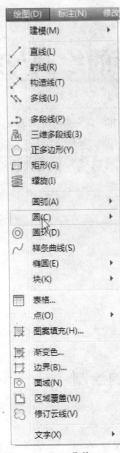

（a）菜单　　　　　　　（b）面板

图 2-1-2　圆命令

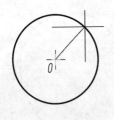

已知圆心和半径

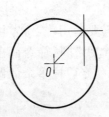

已知圆心和直径

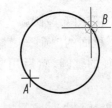

已知直径的两端点

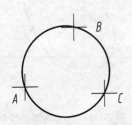

已知圆经过3点

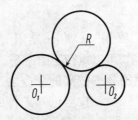

已知两个相切对象和半径

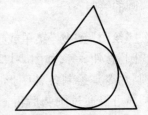

已知3个相切对象

图 2-1-3　绘制圆的 6 种方式

六种方式可以单击"圆"右侧的下三角按钮展开,如图2-1-2(b)所示,然后选择相应选项即可开始绘制圆。

【例1】 利用"圆"命令绘制图2-1-4所示图形。

图形分析:外圆用"圆心、直径"方式绘制,内部四个圆用"两点"方式分别捕捉外圆圆心和外圆的四个象限点绘制。

步骤:

① 单击"常用"选项卡"绘图"面板中的"圆"按钮,选择"圆心、直径"选项 圆心、直径 。

命令提示:

指定圆的圆心或[三点(3P)/两点(2P)/切点、切点、半径(T)]:(在屏幕上适当地方单击输入点)

指定圆的半径或[直径(D)]<12.5000>:_d指定圆的直径<25.0000>:(50↙)

完成大圆绘制。

② 同样单击"常用"选项卡"绘图"面板中的"圆"按钮,选择"两点"选项 两点 。

命令提示:

circle指定圆的圆心或[三点(3P)/两点(2P)/切点、切点、半径(T)]:_2P指定圆直径的第一个端点:(单击大圆的某一象限点,如图2-1-5所示)

指定圆直径的第二个端点:(单击大圆圆心)

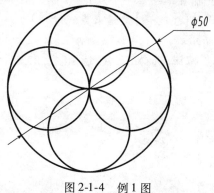

图2-1-4 例1图

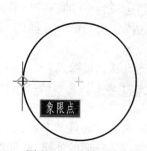

图2-1-5 两点画圆

即可完成一个内部小圆的绘制,同样方法绘出其他三个圆,只是分别捕捉图2-1-6三个不同象限点,完成全图。

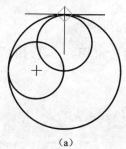

(a)

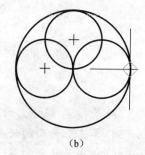

(b)

(c)

图2-1-6 绘制其他三个圆

【例2】 利用圆命令绘制图 2-1-7 所示图形。

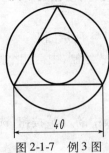

图 2-1-7　例 3 图

图形分析:先用"直线"命令绘制边长为 40 的正三角形,然后用"三点"方式绘制该三角形的外接圆,再用"相切、相切、相切"方式绘制该三角形的内切圆。

步骤:

① 单击"常用"选项卡"绘图"面板中的"直线"按钮 。

命令提示:

指定第一点:(屏幕上适当的地方单击输入点)

指定下一点或[放弃(U)]:(向右追踪 0°追踪线,输入 40 ↙)

指定下一点或[放弃(U)]:(向左上方追踪 120°追踪线,输入 40 ↙)

指定下一点或[闭合(C)/放弃(U)]:(捕捉单击第一个点)

指定下一点或[闭合(C)/放弃(U)]:(按【Space】键结束直线命令)

即绘出边长为 40 的正三角形,如图 2-1-8 所示。

② 单击"常用"选项卡"绘图"面板中的"圆"按钮,选择"三点"选项 。

命令提示:

指定圆的圆心或[三点(3P)/两点(2P)/切点、切点、半径(T)]:_3p 指定圆上的第一个点:(单击三角形的一个顶点)

指定圆上的第二个点:(单击三角形的另一个顶点)

指定圆上的第三个点:(单击三角形的第三个顶点)

即可完成三角形的外接圆,如图 2-1-9 所示。

图 2-1-8　绘制正三角形

图 2-1-9　完成三角形的外接圆

③ 单击"常用"选项卡"绘图"面板中的"圆"按钮,选择"相切、相切、相切"选项 。

命令提示:

指定圆的圆心或[三点(3P)/两点(2P)/切点、切点、半径(T)]:_3p

指定圆上的第一个点:_tan 到(单击三角形的任一边)

指定圆上的第二个点:_tan 到(单击三角形的另一边)

指定圆上的第三个点:_tan 到(单击三角形的第三边)

即可完成三角形的内切圆,完成全图。

二、修剪

修剪⊬是指以某一条或多条线条为边界对其他线条进行某一部分的删除,就像用剪刀剪掉对象的某一部分一样还留有剩余的部分。而删除✐是将整个对象进行删除,二者功能截然不同,初学者一定弄明白二者的差异。

通过"修改"→"修剪"菜单或单击"常用"选项卡"修改"面板中的"修剪"按钮⊬等,如图 2-1-10 所示,可以执行修剪命令。

（a）菜单　　　　　（b）面板

图 2-1-10　"修剪"命令

【例3】　利用圆、修剪命令绘制编辑图 2-1-11 所示图形。

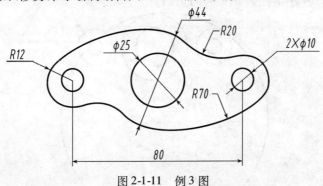

图 2-1-11　例3图

图形分析:图中圆弧先按已知条件画出整圆,然后修剪掉多余的圆弧即可。

步骤:

① 单击"常用"选项卡"绘图"面板中的"圆"按钮,按照已知条件选择"圆心、直径"或"圆心、半径"选项 [圆心,直径] 或 [圆心,半径],绘制图 2-1-12 所示图形。

② 单击"常用"选项卡"绘图"面板中的"圆"按钮,选择"相切、相切、半径"选项 [相切,相切,半径]。

命令提示:

指定对象与圆的第一个切点:(单击第一个切点的大致位置,如图 2-1-13 所示)

指定对象与圆的第二个切点:(单击第二个切点的大致位置,如图 2-1-13 所示)

指定圆的半径 <12.5000 >:(70 ↙)

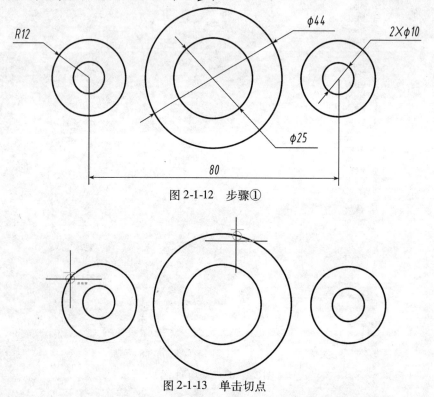

图 2-1-12 步骤①

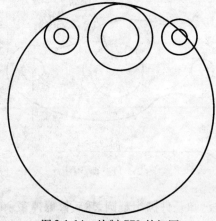

图 2-1-13 单击切点

即可得到图 2-1-14 中半径为 R70 的内切圆。

图 2-1-14 绘制 R70 外切圆

温馨提示：在指定切点时，一定要根据连接圆弧与已知圆弧是内切还是外切单击切点的大致位置，否则单击位置与切点位置相差太大时，会出现另一种相切，如图 2-1-15 所示即为外切。

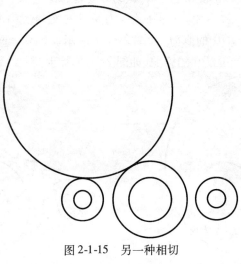

图 2-1-15　另一种相切

同样使用"相切、相切、半径"可以绘制另外三个圆，如图 2-1-16 所示。

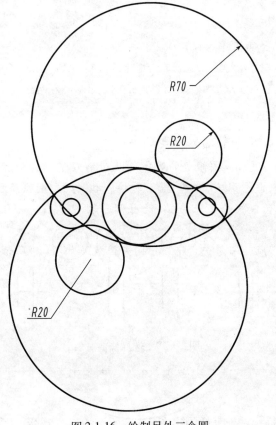

图 2-1-16　绘制另外三个圆

③ 单击"常用"选项卡"修改"面板中的"修剪"按钮。

命令提示：

　　选择对象或＜全部选择＞：(单击ϕ44 和左边 R12 这两个圆↙)

　　选择要修剪的对象,或按住 Shift 键选择要延伸的对象,或[栏选(F)/窗交(C)/投影 (P)/边(E)/删除(R)/放弃(U)](单击左边与边界相交的 R20 和 R70 中不需要的部分)

即可完成左侧 R20 和 R70 的修剪,如图 2-1-17 所示。同样,重复以ϕ44 和右边 R12 这两个圆为边界,修剪右侧 R20 和 R70 的修剪,如图 2-1-18 所示。

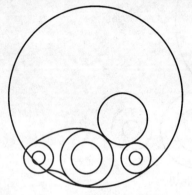

图 2-1-17　完成左侧 R20 和 R70 的修剪

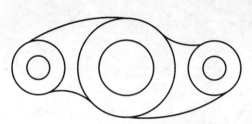

图 2-1-18　完成右侧 R20 和 R70 的修剪

最后重复"修剪"命令。

命令提示：

　　选择对象或＜全部选择＞：(↙)

　　选择要修剪的对象,或按住 Shift 键选择要延伸的对象,或[栏选(F)/窗交(C)/投影(P)/边(E)/删除(R)/放弃(U)]：(单击ϕ44 和左、右两边 R12 圆中不需要的部分)

即可完成全图。

温馨提示:给定修剪命令,此时命令提示"选择对象"是指选择修剪边界,修剪边界选择后按【Enter】键,命令又提示"要修剪的对象",此时则以选定的边界为界限,单击需要修剪的部位。若在首次出现"选择对象"提示时按【Enter】键,则系统视为将所有对象用做边界,修剪时则以每一条线条交点为界,修剪哪一段就单击哪一段。如图 2-1-19 所示,想修剪图(a)中的水平线,若以最外两条竖线为边界,单击水平线中间部位效果如图(b)所示;若以所有对象为边界,单击水平线中间部位效果如图(c)所示。

　　　　(a)　　　　　　　　　　(b)　　　　　　　　　　(c)

图 2-1-19　选择修剪对象

任务实施

学习了以上几个例题,对于怎样画出图 2-1-1 所示的二维鸡蛋,丁丁有了绘图思路。

【**例4**】 利用"圆"和"修剪"命令绘制图2-1-1。

步骤：

① 单击"常用"选项卡"绘图"面板中的"圆"按钮，选择"圆心、半径"选项 ⬭圆心.半径，绘制半径为 $R12$ 和 $R8$ 的圆，如图2-1-20所示。

② 单击"常用"选项卡"绘图"面板中的"圆"按钮，选择"相切、相切、半径"选项 ⬭相切.相切.半径，绘制半径为 $R18$ 的圆与半径为 $R12$、$R8$ 的圆相切，如图2-1-21所示。

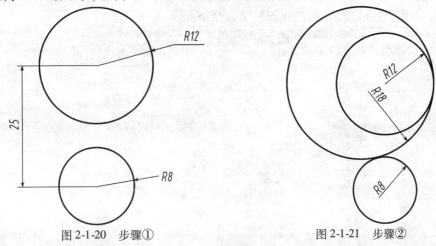

图2-1-20 步骤①　　　　　　　　　　图2-1-21 步骤②

③ 单击"常用"选项卡"修改"面板中的"修剪"按钮 ⌁，利用"修剪"命令，剪掉中间多余的圆弧，如图2-1-22所示。

④ 单击"常用"选项卡"绘图"面板中的"圆"按钮，选择"相切、相切、半径"选项 ⬭相切.相切.半径，绘制半径为 $R32$ 的圆与半径为 $R12$、$R8$ 的圆相切，如图2-1-23所示。

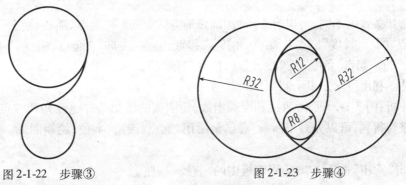

图2-1-22 步骤③　　　　　　　　　　图2-1-23 步骤④

⑤ 单击"常用"选项卡"修改"面板中的"修剪"按钮 ⌁，利用"修剪"命令，剪掉中间多余的圆弧，即可完成全图。

🔄 **任务小结**

通过鸡蛋图形的绘制，我们主要学习了以下知识：

① 圆的6种绘制方法；

② 修剪的正确操作；

③ 某些圆弧可以先画整圆，然后进行修剪得到。

其中：在绘制圆时，关键是必须先分析已知条件，根据已知条件确定绘制圆的方法。

拓展提高

圆弧的绘制

在 AutoCAD 中,虽然部分圆弧是通过先画圆后修剪的方式得到,但是有些圆弧是不能用这种方式得到,因而 AutoCAD 有专门的"圆弧"命令,用来绘制圆弧。

通过"绘图"→"圆弧"菜单或单击"常用"选项卡"圆弧"面板中右侧的下三角按钮选择相应的选项。如图 2-1-24 所示,可以执行绘圆弧命令。

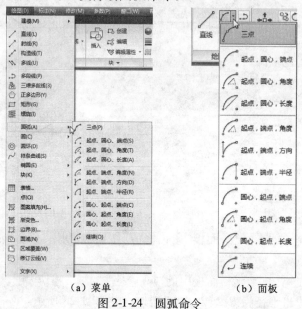

（a）菜单   （b）面板

图 2-1-24   圆弧命令

按照已知条件的不同,可以有 11 种画圆弧的方式"三点""起点、圆心、端点""起点、圆心、角度""起点、圆心、长度""起点、端点、角度""起点、端点、方向""起点、端点、半径""圆心、起点、端点""圆心、起点、角度""圆心、起点、长度""继续"。

【例5】   利用所学知识绘制图 2-1-25 所示。

图形分析:图 2-1-25 是由直线和圆弧组成,而圆弧的已知条件是已知两端点和半径,不能先画圆再修剪得到,可以先画出所有直线,最后用"起点、端点、半径"绘制圆弧。

步骤:

① 单击"常用"选项卡"绘图"面板中的"直线"按钮。

命令提示:

指定第一点:(屏幕上适当的地方单击输入点)

指定下一点或[放弃(U)]:(向左追踪180°追踪线,输入 6↙)

指定下一点或[放弃(U)]:(向上方追踪90°追踪线,输入 5↙)

指定下一点或[闭合(C)/放弃(U)]:(向右追踪0°追踪线,输入50↙)

指定下一点或[放弃(U)]:(向下方追踪90°追踪线,输入 5↙)

指定下一点或[放弃(U)]:(向左追踪180°追踪线,输入 6↙)

指定下一点或[放弃(U)]:(↙)

即可得到图 2-1-26。

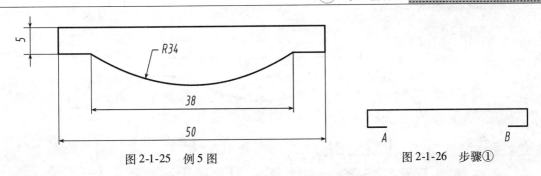

图 2-1-25 例 5 图　　　　　　　图 2-1-26 步骤①

② 单击"常用"选项卡"绘图"面板中的"圆弧"按钮,选择"起点、端点、半径"选项 起点,端点,半径。

命令提示:

指定圆弧的起点或[圆心(C)]:(单击图中 A 点)

指定圆弧的第二个点或[圆心(C)/端点(E)]:(_e↙)

指定圆弧的端点:(单击图中 B 点)

指定圆弧的圆心或[角度(A)/方向(D)/半径(R)]:_r 指定圆弧的半径:(34↙)

即可完成全图。

温馨提示:① 计算机是按逆时针方向画圆弧的,因此应注意起点、端点的顺序。
　　　　　② 圆弧的绘制方式很多,要注意根据条件选择好相应的方式。

练习题

1. 绘制图 2-1-27 所示图形。

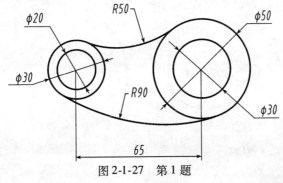

图 2-1-27 第 1 题

2. 绘制图 2-1-28 所示图形。

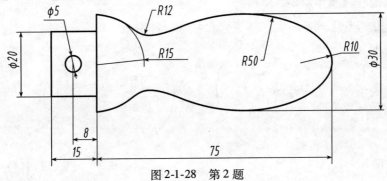

图 2-1-28 第 2 题

3. 绘制图 2-1-29 所示图形。

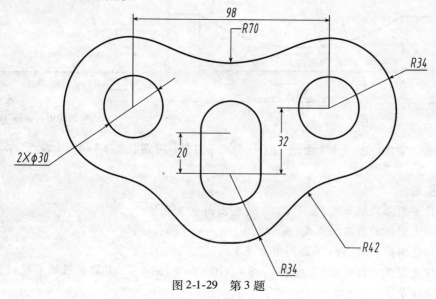

图 2-1-29 第 3 题

4. 打开文件夹:素材\任务一二维鸡蛋的绘制\4 题,按不同的已知条件绘制下列圆弧。

(1)三点(图 2-1-30)。

(2)起点、圆心、端点(图 2-1-31)。

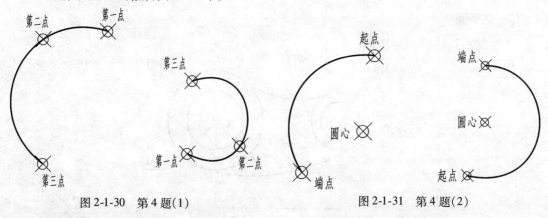

图 2-1-30 第 4 题(1)   图 2-1-31 第 4 题(2)

(3)起点、圆心、角度(图 2-1-32)。

(4)起点、圆心、长度(图 2-1-33)。

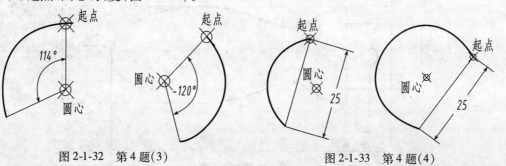

图 2-1-32 第 4 题(3)   图 2-1-33 第 4 题(4)

（5）起点、端点、角度（图2-1-34）。

（6）起点、端点、方向（图2-1-35）。

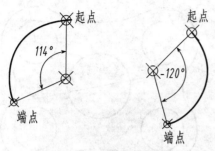

图2-1-34 第4题(5)　　　　　图2-1-35 第4题(6)

5. 绘制图2-1-36 所示图形。

6. 绘制图2-1-37 所示图形。

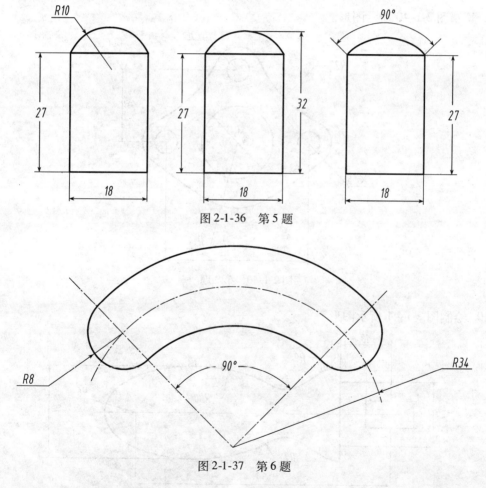

图2-1-36 第5题

图2-1-37 第6题

7. 绘制图2-1-38 所示图形。

8. 绘制图2-1-39 所示图形。

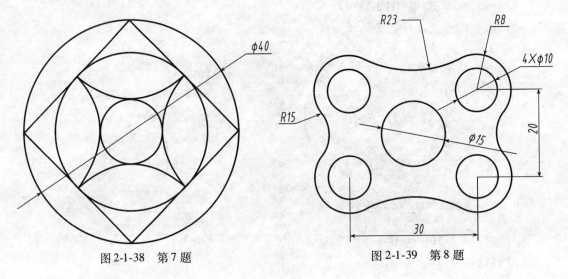

图 2-1-38　第 7 题　　　　　　　　图 2-1-39　第 8 题

9. 绘制图 2-1-40 所示图形。

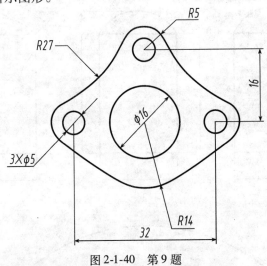

图 2-1-40　第 9 题

10. 绘制图 2-1-41 所示图形。

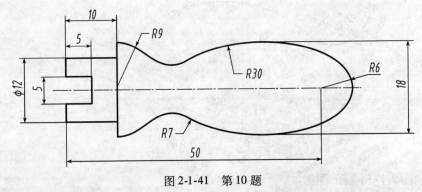

图 2-1-41　第 10 题

任务二　扳手的绘制

任务介绍

丁丁星期天在家里帮爸爸修自行车,用到了扳手,测量得到扳手的尺寸如图 2-2-1 所示,他开始思考怎样用 AutoCAD 把它绘制出来。

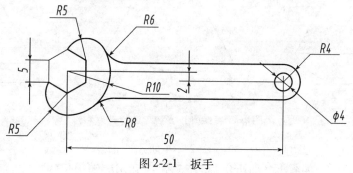

图 2-2-1　扳手

任务解析

以上图形由直线、圆、圆弧和正六边形组成,直线、圆和圆弧的绘制已经没有困难,现在关键就是把边长为 5 的正六边形绘制出来,该任务就迎刃而解了,完成这个任务面临的两个新命令是"正多边形"和"移动"。

相关知识

一、正多边形的绘制

通过"绘图"→"正多边形"菜单或单击"常用"选项卡"绘图"面板中的"正多边形"按钮⬡等,如图 2-2-2 所示,可以执行绘图命令。

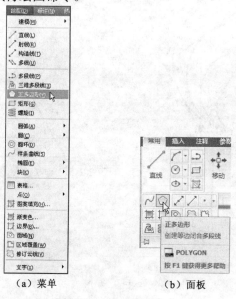

（a）菜单　　　　（b）面板

图 2-2-2　正多边形命令

"正多边形"命令也是绘制各种图形时使用频率较高的命令之一。按照已知条件的不同，AutoCAD提供 3 种画正多边形的方式"内接于圆方式""外切于圆方式""边长方式"，如图 2-2-3 所示。

内接于圆方式　　　　　　　外切于圆方式　　　　　　　边长方式

图 2-2-3　绘制正多边形的三种方式

【例 1】　利用"正多边形"命令绘制图 2-2-4 所示图形。

图形分析：该图的正多边形的边长都是 27，可以利用已知边长的方式绘出正多边形，而每个多边形的内切圆可以利用圆的"相切、相切、相切"方式绘出。

步骤：

① 单击"常用"选项卡"绘图"面板中的"正多边形"按钮 ▢。

命令提示：

　　　输入边的数目 <4 >：(3↙)

　　　指定正多边形的中心点或[边(E)]：(E↙)

　　　指定边的第一个端点：(在屏幕上适当地方单击输入点)

　　　指定边的第二个端点：(向右追踪 0°追踪线，输入 27↙)

即可绘出边长为 27 的正三角形，如图 2-2-5 所示。

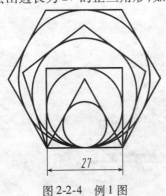

图 2-2-4　例 1 图

图 2-2-5　绘制边长为 27 的正三角形

② 按【Space】键重复"正多边形"命令。

命令提示：

　　　输入边的数目 <3 >：(4↙)

　　　指定正多边形的中心点或[边(E)]：(E↙)

　　　指定边的第一个端点：(捕捉并单击三角形底边的左端点)

　　　指定边的第二个端点：(捕捉并单击三角形底边的右端点)

即可绘出边长为 27 的正方形,同样方法可以绘制出正五边形和正六边形,如图 2-2-6 所示。

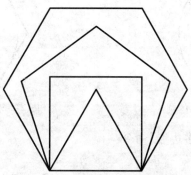

图 2-2-6 绘制正五边形和正六边形

③ 单击"常用"选项卡"绘图"面板中的"圆"按钮,选择"相切、相切、相切"选项，分别单击以上正多边形的三边,即可绘制出各自的内切圆,完成全图。

【例 2】 利用"正多边形"命令绘制如图 2-2-7 所示图形。

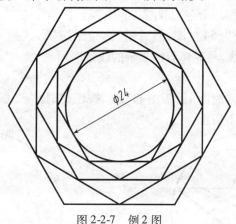

图 2-2-7 例 2 图

图形分析:该图中间有一个直径为 24 的圆,圆外从里至外依次有 5 个正六边形,其中最里层的六边形与圆外切,再往外的正六边形与相邻里层六边形的外接圆内切。所以画图时,先用"圆"命令绘制直径为 24 的圆,然后用"外切于圆"方式依次画出五个正六边形。

步骤:

① 单击"常用"选项卡"绘图"面板中的"圆"按钮,选择"圆心、直径"选项，绘制直径为 24 的圆,如图 2-2-8 所示。

② 单击"常用"选项卡"绘图"面板中的"正多边形"按钮。

命令提示:

    输入边的数目 <4>:(6↙)

    指定正多边形的中心点或 [边(E)]:(单击 φ24 的圆心)

    输入选项 [内接于圆(I)/外切于圆(C)] <C>:(↙)

    指定圆的半径:(捕捉并单击 φ24 的圆的上象限点)

即可绘出最里层的正六边形,如图 2-2-9 所示。

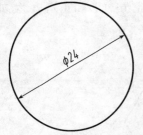

图 2-2-8　绘制直径为 24 的圆

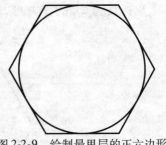

图 2-2-9　绘制最里层的正六边形

③ 按【Space】键重复"正多边形"命令。

命令提示：

　　　　输入边的数目 < 6 > ：（↙）

　　　　指定正多边形的中心点或[边(E)]：（单击φ24 的圆心）

　　　　输入选项[内接于圆(I)/外切于圆(C)] < C > ：（↙）

　　　　指定圆的半径：（捕捉并单击里层正六边形的顶点）

即可绘出外层的正六边形,同样方法绘制出其他三个正六边形,完成全图。

【例3】　利用"正多边形"命令绘制图 2-2-10 所示图形。

图形分析：先绘制直径为 54 的圆,然后用"内接于圆"方式画一个五边形,再通过正五边形的不相邻的顶点连接直线,最后修剪掉多余的线条即可。

步骤：

① 单击"常用"选项卡"绘图"面板中的"圆"按钮,选择"圆心、直径"选项 ，绘制直径为 54 的圆,如图 2-2-11 所示。

图 2-2-10　例3 图

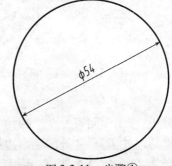

图 2-2-11　步骤①

② 单击"常用"选项卡"绘图"面板中的"正多边形"按钮 。

命令提示：

　　　　输入边的数目 < 4 > ：（5 ↙）

　　　　指定正多边形的中心点或[边(E)]：（单击φ54 的圆心）

　　　　输入选项[内接于圆(I)/外切于圆(C)] < C > ：（I↙）

　　　　指定圆的半径：（捕捉并单击的圆的上象限点）

即可绘出φ54 的内接正五边形,如图 2-2-12 所示。

③ 单击"常用"选项卡"绘图"面板中的"直线"按钮 。

命令提示：

指定第一点:(单击上图中 1 点)

指定下一点或[放弃(U)]:(单击上图中 2 点)

指定下一点或[放弃(U)]:(单击上图中 3 点)

指定下一点或[闭合(C)/放弃(U)]:(单击上图中 4 点)

指定下一点或[闭合(C)/放弃(U)]:(单击上图中 5 点)

指定下一点或[闭合(C)/放弃(U)]:(单击上图中 1 点)

即可绘出图 2-2-13。

④ 利用"修剪"命令修剪掉多余的线条,删除正五边形即可完成全图。

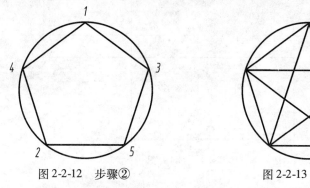

图 2-2-12　步骤②　　　　　　　图 2-2-13　步骤③

二、移动

在 AutoCAD 中绘图,不必像手工绘图那样精确计算每个图形或线条在图纸上的位置,有时某些图形或线条的位置不准确,也不必将其删掉,只需用"移动"命令就可以轻松地将它们移动到所需的位置。

通过"修改"→"移动"菜单或单击"常用"选项卡"修改"面板中的"移动"按钮 等,如图 2-2-14 所示,可以执行移动命令。

（a）菜单

（b）面板

图 2-2-14　"移动"命令

【例4】 绘制直径为 40 的圆,并利用"移动"命令完成图 2-2-15 的移动(圆心由 A 点移动到 B 点)。

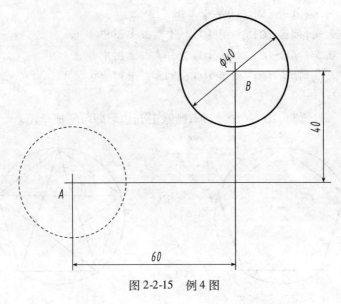

图 2-2-15 例4图

步骤:

① 单击"常用"选项卡"绘图"面板中的"圆"按钮,选择"圆心、直径"选项 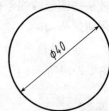,绘制直径为 40 的圆,如图 2-2-16 所示。

② 单击"常用"选项卡"修改"面板中的"移动"按钮 。

命令提示:

　　选择对象:(选择φ40圆)

　　选择对象:(↙)

　　指定基点或[位移(D)] <位移>:(单击圆心为基点)

　　指定第二个点或 <使用第一个点作为位移>:(@60,40↙)

即可完成该圆的移动。

图 2-2-16 绘制直径
为 40 的圆

温馨提示:【例4】是通过输入相对坐标进行移动,如果要把图形移动到某个已知点,则当提示"指定第二个点或 <使用第一个点作为位移>:"时单击已知点即可。

任务实施

学习了以上几个例题,丁丁很快绘制出了扳手的平面图 2-2-1。

【例5】 绘制扳手平面图(图 2-2-1)。

步骤:

① 单击"常用"选项卡"绘图"面板中的"正多边形"按钮 ,用"边"的方式绘制边长为 5 的正六边形,如图 2-2-17所示,然后以分别以 A、B 两点为圆心,以"圆心、半径"方式绘制半径为 5 的圆,再以"相切、相切、半径"方式绘制半径为 10 的圆。

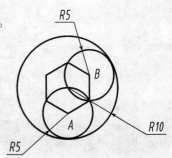

图 2-2-17 步骤①

② 单击"常用"选项卡"修改"面板中的"修剪"按钮，利用"修剪"命令，剪掉中间多余的圆弧，如图 2-2-18 所示。

③ 单击"常用"选项卡"绘图"面板中的"圆"按钮，以正六边形的中心为圆心绘制 $R4$、$\phi 4$ 两圆，如图 2-2-19 所示。

图 2-2-18　步骤②

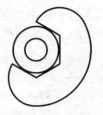

图 2-2-19　步骤③

④ 单击"常用"选项卡"修改"面板中的"移动"按钮，将 $R4$、$\phi 4$ 两圆以圆心为基点，圆心移至"@50，−2"，如图 2-2-20 所示。

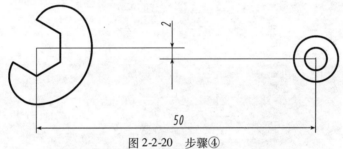

图 2-2-20　步骤④

⑤ 分别通过 $R4$ 圆的最上象限点和最下象限点向左画水平线，与左边 $R10$ 圆弧相交，并用"相切、相切、半径"方式绘制 $R6$ 和 $R8$ 的圆（图 2-2-21），最后修剪掉多余的线条即可完成全图。

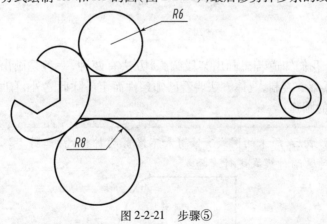

图 2-2-21　步骤⑤

任务小结

通过扳手的绘制，我们主要学习了以下知识：
① 正多边形的 3 种绘制方法；
② 移动命令的正确操作。
在绘制正多边形时，须先分析已知条件，根据已知条件确定绘制正多边形的方法。

🔲 拓展提高

一、复制

在 AutoCAD 绘图中,对于无规律分布的相同部分,绘图时一般只画出一个或一组,其他相同部分用"复制"命令复制绘出。复制的操作方式与移动相同,只是复制后原对象还保留而移动后原来的对象就消除了。我们将通过【例6】掌握其操作方法。

通过"修改"→"复制"菜单或单击"常用"选项卡"修改"面板中的"复制"按钮 ☜ 等,可以执行复制命令,如图 2-2-22 所示。

（a）菜单   （b）面板

图 2-2-22   "复制"命令

二、圆角

上一个任务中,我们知道若想画出某段圆弧,方法有两种,一种是画出整圆,然后修剪得到;另一种是用圆弧命令绘制,具体方法要看已知条件而定。除此之外,有时用圆角命令,也可以方便地作出需要的圆弧。

> **温馨提示**:圆角形成后,原来的图线有修剪和不修剪两种模式,如图 2-2-23 所示,在使用圆角命令前,需对这两种模式进行选择。 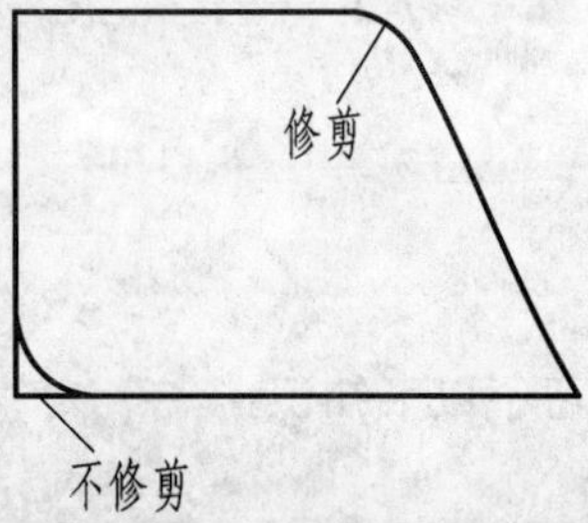
>
> 修剪
>
> 不修剪
>
> 图 2-2-23   圆角形成后的两种模式

通过"修改"→"圆角"菜单或单击"常用"选项卡"修改"面板中的"圆角"按钮□等,可以执行圆角命令,如图 2-2-24 所示。

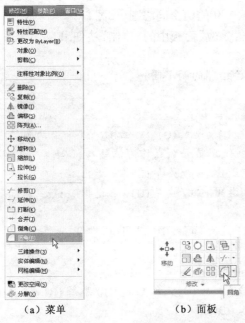

（a）菜单　　　　（b）面板

图 2-2-24　"圆角"命令

以上两种命令我们通过以下例题掌握其操作。

【例6】　利用所学知识绘制图 2-2-25 所示图形。

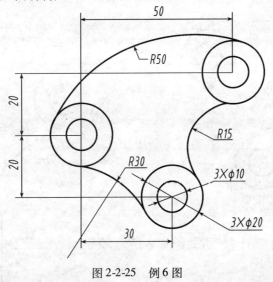

图 2-2-25　例6图

图形分析:图 2-2-25 中 3 个 $\phi 10$、$\phi 20$ 的圆可以绘制一个然后复制得到,连接弧 $R15$ 和 $R30$ 可以用圆角绘制,连接弧 $R50$ 可以用"相切、相切、半径"画出圆,然后修剪得到。

步骤：

① 单击"常用"选项卡"绘图"面板中的"圆"按钮，选择"圆心、直径"选项 ⊘ 圆心.直径 ，绘制 φ10、φ20 的两个同心圆，如图 2-2-26 所示。

② 单击"常用"选项卡"修改"面板中的"复制"按钮 ⁸。

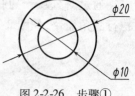

图 2-2-26　步骤①

命令提示：

　　选择对象：（选择已绘制的两个圆）

　　选择对象：（↙）

　　当前设置：复制模式 = 多个

　　指定基点或[位移(D)/模式(O)]<位移>：（单击两圆的圆心）

　　指定第二个点或<使用第一个点作为位移>：（@50,20 ↙）

　　指定第二个点或[退出(E)/放弃(U)]<退出>：（@30,-20 ↙）

　　指定第二个点或[退出(E)/放弃(U)]<退出>：（↙）

即可完成图 2-2-27。

③ 单击"常用"选项卡"修改"面板中的"圆角"按钮 ◻。

命令提示：

　　当前设置：模式 = 不修剪，半径 = 0.0000

　　选择第一个对象或[放弃(U)/多段线(P)/半径(R)/修剪(T)/多个(M)]：（R↙）

　　指定圆角半径<0.0000>：（30 ↙）

　　选择第一个对象或[放弃(U)/多段线(P)/半径(R)/修剪(T)/多个(M)]：（单击上图中 A 圆）

　　选择第二个对象，或按住 Shift 键选择要应用角点的对象：（单击上图中 B 圆）

即可绘出连接圆弧 R30，同样操作作出 R15，只是圆角半径输入 15，选择对象单击 B 圆和 C 圆，如图 2-2-28 所示。

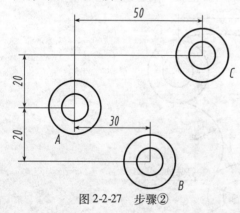

图 2-2-27　步骤②

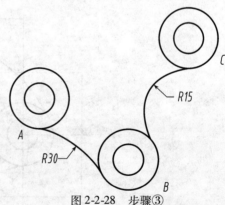

图 2-2-28　步骤③

④ 最后用"相切、相切、半径"方式绘制半径为 50 的圆，然后进行修剪即可完成全图。

🖎 练习题

1. 运用正多边形和圆命令绘制图 2-2-29 所示图形。

2. 利用正多边形、圆、复制和圆角命令绘制图 2-2-30 所示图形。

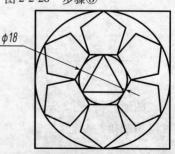

图 2-2-29　第1题

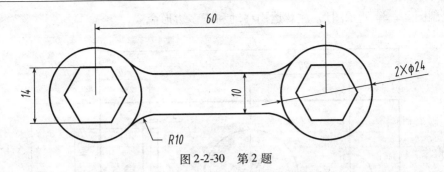

图 2-2-30　第 2 题

3. 绘制图 2-2-31 所示图形,注意运用正多边形命令。

4. 绘制图 2-2-32 所示图形,注意运用正多边形命令。

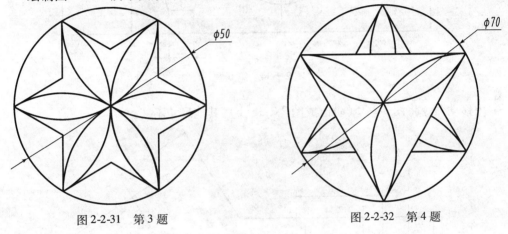

图 2-2-31　第 3 题

图 2-2-32　第 4 题

5. 绘制图 2-2-33 所示图形,注意运用圆角、移动、复制和正多边形命令。

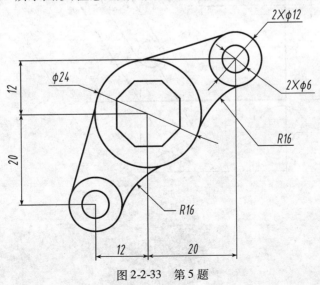

图 2-2-33　第 5 题

6. 绘制图 2-2-34 所示图形,注意运用移动和正多边形命令。

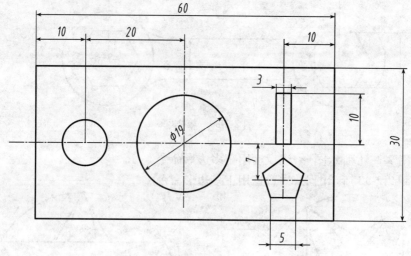

图 2-2-34　第 6 题

7. 用移动命令将图 2-2-35(a)改成图 2-2-35(b),其他尺寸不变。

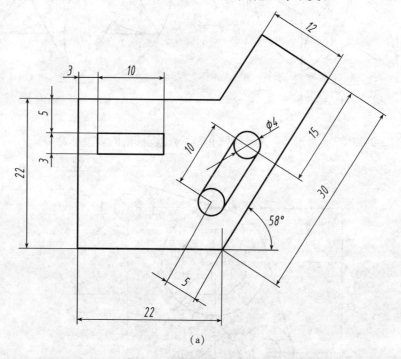

(a)

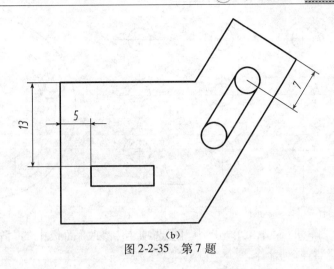

图 2-2-35　第 7 题

任务三　风扇叶片的绘制

任务介绍

天气渐渐变冷,妈妈让丁丁把家里的电风扇擦洗干净并收藏起来,看着电风扇叶片的线条挺复杂,丁丁想挑战自己,测量得到风扇叶片的尺寸如图 2-3-1 所示,他又开始思考怎样用 AutoCAD 把它绘制出来。

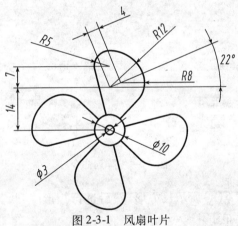

图 2-3-1　风扇叶片

任务解析

图 2-3-1 由圆、圆弧组成,其中 4 个叶片是完全一样的,均匀分布在圆周上,只要画出一个叶片,利用"环形阵列"命令就阵列出 4 个,该任务就迎刃而解了,完成这个任务面临的新命令就是"阵列"。

相关知识

阵列

阵列命令是一个高效率的复制命令。包括矩形阵列和环形阵列两种:

① 矩形阵列:按指定的行数、列数及行间距、列间距生成矩形阵列,如图 2-3-2 所示。

② 环形阵列:按指定的阵列中心、阵列个数及包含角生成环形阵列,如图 2-3-3 所示。

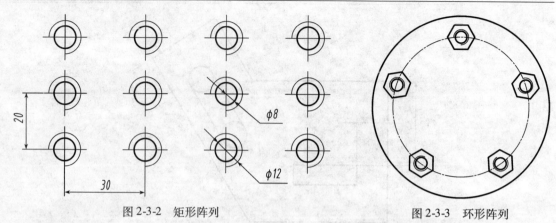

图 2-3-2　矩形阵列　　　　　　　　　　　图 2-3-3　环形阵列

通过"修改"→"阵列"菜单或单击"常用"选项卡"修改"面板中的"阵列"按钮 ⊞ 等,如图 2-3-4 所示,可以执行阵列命令。

（a）菜单　　　　　　　（b）面板

图 2-3-4　阵列命令

【例1】　先绘制图 2-3-5(a)所示长方形,然后进行矩形阵列,其中行数为 3,列数为 4,行偏移为 –12,列偏移为 30,如图 2-3-5(b)所示。

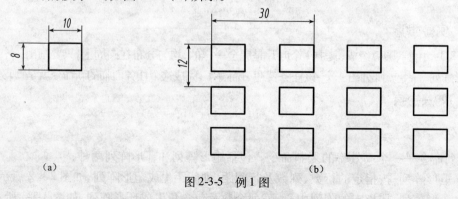

（a）　　　　　　　　　　　　　　（b）

图 2-3-5　例 1 图

步骤:

① 单击"常用"选项卡"绘图"面板中的"直线"按钮,绘制矩形如图 2-3-5(a)所示。

② 单击"常用"选项卡"修改"面板中的"阵列"按钮,弹出"阵列"对话框如图 2-3-6 所示,并按图中数据进行设置,然后单击"选择对象"按钮,回到绘图区,选择需要阵列的矩形,按【Space】确定,返回"阵列"对话框,单击"预览"按钮,如图 2-3-7 所示。

命令提示:

拾取或按 Esc 键返回到对话框或 <单击鼠标右键接受阵列>:

若没问题,右击即可,若需修改,则返回对话框进行修改。

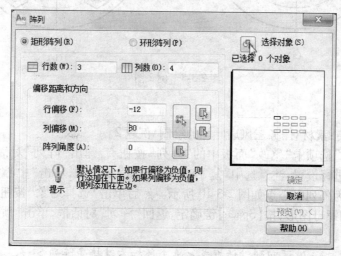

图 2-3-6 单击"选择对象"按钮

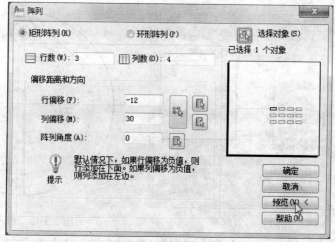

图 2-3-7 单击"预览"按钮

温馨提示: 矩形阵列中行偏移向右为正值,向左为负值;列偏移向上为正值,向下为负值。

【**例 2**】 打开文件夹:素材\任务三风扇叶片的绘制\例题 2,将图 2-3-8(a)变成图 2-3-8(b)所示图形。

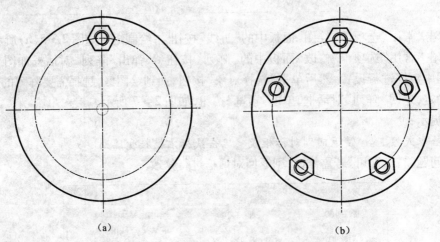

　　　　　　　(a)　　　　　　　　　　　　　　　　　(b)

图 2-3-8　例 2 图

步骤：

① 打开文件夹：素材\任务三风扇叶片的绘制\例题 2。

② 单击"常用"选项卡"修改"面板中的"阵列"按钮 ⊞，弹出"阵列"对话框如图 2-3-9 所示，并按图中数据进行设置，注意选中"复制时旋转项目"复选框，单击"中心点"按钮，回到绘图空间，单击圆心为阵列中心点如图 2-3-10 所示。然后单击"选择对象"按钮，回到绘图空间，选择好需要阵列的螺母图形，按【Space】键确定，返回"阵列"对话框，单击"预览"按钮。

命令提示：

　　　　拾取或按 Esc 键返回到对话框或 < 单击鼠标右键接受阵列 >：

若没问题，右击即可完成阵列。

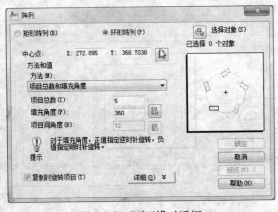

图 2-3-9　"阵列"对话框

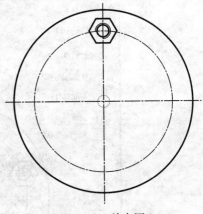

图 2-3-10　单击圆心

温馨提示：

　　在"阵列"对话框中，若没有选中"复制时旋转项目"复选框，此时单击"详细"按钮，如图 2-3-11 所示，展开"对象基点"选项，取消选中"设为对象的默认值"选项（图 2-3-12），单击"基点"后面的 按钮，回到绘图空间，单击"螺母"的中心作为"对象基点"，则可以得到阵列使不旋转对象的效果，如图 2-3-13 所示。

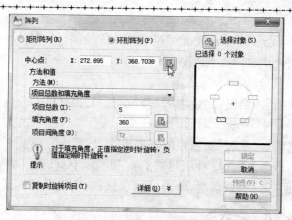

图 2-3-11

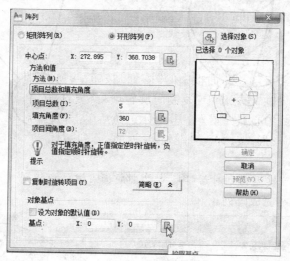

图 2-3-12

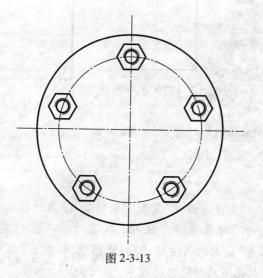

图 2-3-13

任务实施

学习了以上几个例题,丁丁很快完成了风扇叶片的绘制。

【例3】 绘制风扇叶片的平面图(图 2-3-1)。

步骤:

① 单击"常用"选项卡"绘图"面板中的"圆"按钮⊙,根据已知条件画出图 2-3-14(a)中的圆,然后修剪得到图 2-3-14(b)所示图形。

② 单击"常用"选项卡"修改"面板中的阵列按钮▦,弹出"阵列"对话框(图 2-3-15),并按图中数据进行设置,然后单击"选择对象"按钮,回到绘图空间,选择好需要阵列的一个叶片,按【Space】键确定,返回"阵列"对话框,单击"预览"按钮,右击即可得到风扇叶片的平面图。

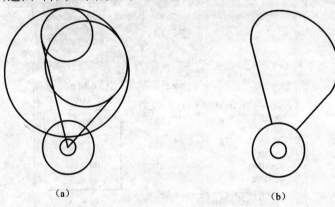

(a)   (b)

图 2-3-14   例 3 图

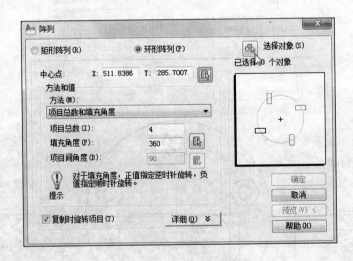

图 2-3-15   "阵列"对话框

任务小结

通过风扇叶片平面图的绘制,我们掌握了两种阵列:矩形阵列和环形阵列,在对某组图元进行阵列时,须先画出一组图元,然后再进行阵列。

拓展提高

一、矩形

以前的学习中,我们曾经用"直线"命令画过矩形,其实 AutoCAD 有专门绘制矩形的"矩形"命令,二者的区别是:直线绘制的矩形四条边是四个对象,而矩形绘制的四条边是一个对象,是一个整体,而且矩形命令不仅可以绘制直角矩形,还可以绘制带倒角和圆角的矩形。

通过"绘图"→"矩形"菜单或单击"常用"选项卡"绘图"面板中的"矩形"按钮□等,如图 2-3-16 所示,可以执行矩形命令。

（a）菜单

（b）面板

图 2-3-16 矩形命令

【例4】 绘制图 2-3-17 所示矩形。

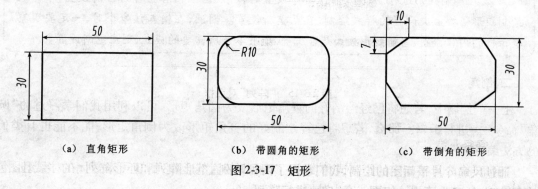

（a）直角矩形 （b）带圆角的矩形 （c）带倒角的矩形

图 2-3-17 矩形

步骤：

① 单击"常用"选项卡"绘图"面板中的"矩形"按钮□。

命令提示：

　　　指定第一个角点或[倒角(C)/标高(E)/圆角(F)/厚度(T)/宽度(W)]:(单击屏幕
上任意一点)

　　　指定另一个角点或[面积(A)/尺寸(D)/旋转(R)]:(@50,30✓)

即可完成直角矩形的绘制，如图2-3-17(a)所示。

② 单击"常用"选项卡"绘图"面板中的"矩形"按钮□。

命令提示：

　　　指定第一个角点或[倒角(C)/标高(E)/圆角(F)/厚度(T)/宽度(W)]:(F✓)

　　　指定矩形的圆角半径<0.0000>:(10✓)

　　　指定第一个角点或[倒角(C)/标高(E)/圆角(F)/厚度(T)/宽度(W)]:(单击屏幕
上适当点)

　　　指定另一个角点或[面积(A)/尺寸(D)/旋转(R)]:(@50,30✓)

即可完成圆角矩形的绘制，如图2-3-17(b)所示。

③ 单击"常用"选项卡"绘图"面板中的"矩形"按钮□。

命令提示：

　　　当前矩形模式:圆角=10.0000

　　　指定第一个角点或[倒角(C)/标高(E)/圆角(F)/厚度(T)/宽度(W)]:(C✓)

　　　指定矩形的第一个倒角距离<10.0000>:(10✓)

　　　指定矩形的第二个倒角距离<10.0000>:(7✓)

　　　指定第一个角点或[倒角(C)/标高(E)/圆角(F)/厚度(T)/宽度(W)]:(单击屏幕
上任意一点)

　　　指定另一个角点或[面积(A)/尺寸(D)/旋转(R)]:(@50,30✓)

即可完成带倒角矩形的绘制，如图2-3-17(c)所示。

温馨提示：

　　① 绘制带倒角的矩形时，命令提示:"指定矩形的第一个倒角距离"和"指定矩形的
第二个倒角距离"是按逆时针方向确定"第一点"和"第二点"的。

　　② 在绘制矩形进行"倒角""圆角"等设置时，所设选项内容将作为当前设置，下一次
绘制矩形仍按上次设置的样式绘制，直至重新设置。因此，在输入该命令时，一定要观察
提示行的内容，确认当前矩形模式是否正确，如果不是所需要的模式，则应重新设置。

二、倒角

　　上一个例题中，若想将已经绘制好的直角矩形改为圆角矩形，可以利用我们学习过的"圆
角"命令□□进行编辑。那么，若想将已经绘制好的直角矩形改为倒角矩形，能不能也有类似
的方法编辑呢？

　　"倒角"命令可按指定的距离或角度在一对相交的直线上倒角，也可对封闭的多线段(包
括多段线、多边形、矩形)的直线交点处同时进行倒角。

通过"修改"→"倒角"菜单或单击"常用"选项卡"修改"面板中的"倒角"按钮 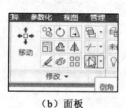 等,可以执行倒角命令,如图 2-3-18 所示。

（a）菜单　　　　　　（b）面板

图 2-3-18　倒角命令

温馨提示:

　　倒角的操作和圆角的操作类似,也有修剪和不修剪两种模式。

【例5】　打开文件夹:素材\任务三风扇叶片的绘制\例题5,将图2-3-17(a)直角矩形编辑成图 2-3-17(c)倒角矩形。

步骤:

① 打开文件夹:素材\任务三风扇叶片的绘制\例题5。

② 单击"常用"选项卡"修改"面板中的"倒角"按钮 倒角。

命令提示:

　　　　("修剪"模式) 当前倒角距离 1 =0.0000,距离 2 =0.0000

　　　　选择第一条直线或[放弃(U)/多段线(P)/距离(D)/角度(A)/修剪(T)/方式(E)/多个(M)]:(D↙)

　　　　指定第一个倒角距离 <0.0000 >:(10 ↙)指定第二个倒角距离 <10.0000 >:(7 ↙)

　　　　选择第一条直线或[放弃(U)/多段线(P)/距离(D)/角度(A)/修剪(T)/方式(E)/多个(M)]:(单击距离为10的边)

　　　　选择第二条直线,或按住 Shift 键选择要应用角点的直线:(单击距离为 7 的边)

同样方法作出四个倒角,即可编辑成倒角矩形。

练习题

1. 绘制图 2-3-19(a)所示图形,然后进行矩形阵列,如图 2-3-19(b)所示。

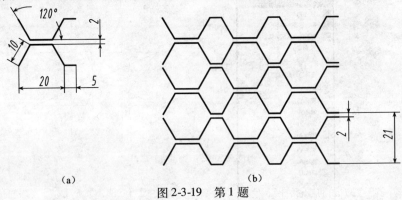

（a）　　　（b）

图 2-3-19　第 1 题

2. 绘制图 2-3-20(a)所示图形,然后进行矩形或环形阵列,如图 2-3-20(b)所示。

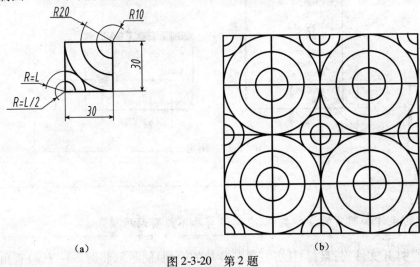

（a）　　　（b）

图 2-3-20　第 2 题

3. 绘制图 2-3-21 所示图形,注意运用阵列命令。

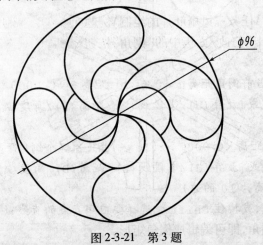

图 2-3-21　第 3 题

4. 绘制图 2-3-22(a)所示图形,然后进行阵列,如图 2-3-22(b)所示。

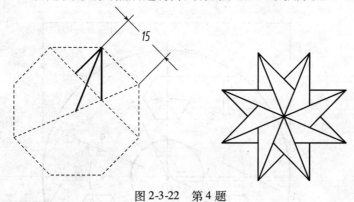

图 2-3-22　第 4 题

5. 绘制图 2-3-23(a)所示图形,然后进行阵列,如图 2-3-23(b)所示。

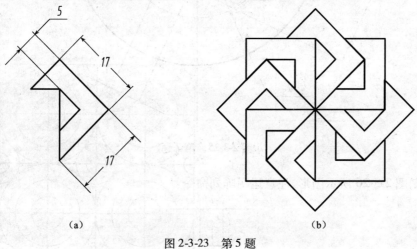

(a)　　　　　　　　　　　　　　(b)

图 2-3-23　第 5 题

6. 绘制图 2-3-24 所示槽轮,注意运用阵列命令。

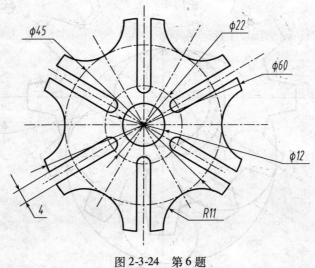

图 2-3-24　第 6 题

7. 绘制图 2-3-25 所示图形，注意运用阵列命令。

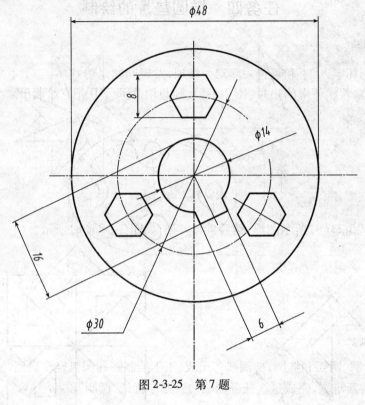

图 2-3-25　第 7 题

8. 绘制图 2-3-26 所示图形，注意运用阵列命令。

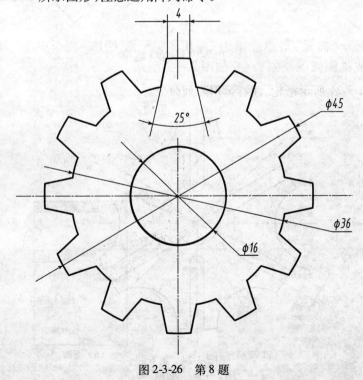

图 2-3-26　第 8 题

任务四　椭圆垫片的绘制

任务介绍

家里混水阀坏了,丁丁和爸爸一起动手修理,发现问题是垫片坏了,丁丁配合爸爸很快把混水阀修好了,拿着换下来的垫片(图 2-4-1),他想用 AutoCAD 把它绘制出来。

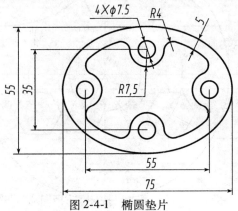

图 2-4-1　椭圆垫片

任务解析

图 2-4-1 由圆、圆弧和椭圆,椭圆弧等组成,丁丁绘制圆和圆弧轻车熟路,椭圆和椭圆弧的绘制是他遇到的新难题,完成这个任务面临的新命令就是"椭圆"。

相关知识

椭圆

通过"绘图"→"椭圆"菜单或单击"常用"选项卡"绘图"面板中的"椭圆"按钮⊙等,可以执行椭圆或椭圆弧的绘制命令,如图 2-4-2 所示。

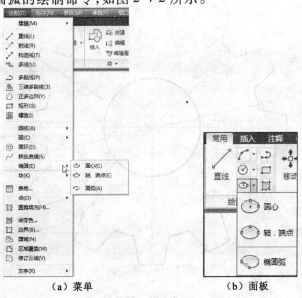

（a）菜单　　　　　　　（b）面板

图 2-4-2　"椭圆"命令

【例1】 用两种方式绘制一个长轴为100，短轴为50的椭圆，如图2-4-3所示。

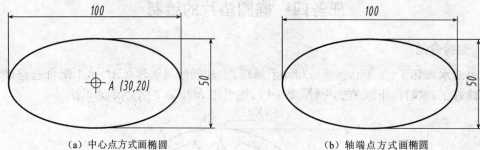

（a）中心点方式画椭圆　　　　　　　　（b）轴端点方式画椭圆

图 2-4-3　例 1 图

温馨提示：椭圆或椭圆弧的绘制方式有"轴端点"和"中心点"两种方式，所以要绘制椭圆或椭圆弧，需根据已知条件选择绘图方式。

步骤：

① 用"中心点"方式绘制。

单击"常用"选项卡"绘图"面板中的"椭圆"按钮，选择"圆心"选项⊕ 圆心。

命令提示：

　　　　指定椭圆的中心点：(30,20✓)

　　　　指定轴的端点：(鼠标向右引出追踪线，输入50✓)

　　　　指定另一条半轴长度或[旋转(R)]：(25✓)

即可完成中心点方式绘制椭圆如图2-4-3(a)所示。

② 用"轴端点"方式绘制。

单击"常用"选项卡"绘图"面板中的"椭圆"按钮，选择"轴端点"选项◯ 轴，端点。

命令提示：

　　　　指定椭圆的轴端点或[圆弧(A)/中心点(C)]：(单击屏幕上任意一点)

　　　　指定轴的端点：(鼠标向右引出追踪线，输入100✓)

　　　　指定另一条半轴长度或[旋转(R)]：(25✓)

即可完成椭圆如图2-4-3(b)所示。

【例2】 用两种方式绘制一个长轴为100，短轴为50的椭圆弧，起始角为50，终止角为270，如图2-4-4所示。

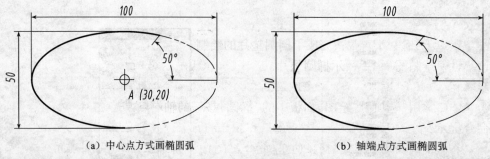

（a）中心点方式画椭圆弧　　　　　　　　（b）轴端点方式画椭圆弧

图 2-4-4　例 2 图

步骤：

① 用"中心点"方式绘制。

单击"常用"选项卡"绘图"面板中的"椭圆"按钮的椭圆弧方式 椭圆弧。

命令提示：

　　　　指定椭圆弧的轴端点或[中心点(C)]:(C↙)

　　　　指定椭圆弧的中心点:(30,20↙)

　　　　指定轴的端点:(鼠标向右引出追踪线,输入50↙)

　　　　指定另一条半轴长度或[旋转(R)]:(25↙)

　　　　指定起始角度或[参数(P)]:(50↙)

　　　　指定终止角度或[参数(P)/包含角度(I)]:(270↙)

即可完成中心点方式椭圆弧如图2-4-4(a)所示。

② 用"轴端点"方式绘制。

单击"常用"选项卡"绘图"面板中的"椭圆"按钮,选择"椭圆弧"选项 椭圆弧。

命令提示：

　　　　指定椭圆的轴端点或[圆弧(A)/中心点(C)]:(a↙)

　　　　指定椭圆弧的轴端点或[中心点(C)]:(单击屏幕上适当的位置)

　　　　指定轴的另一个端点:(鼠标向左引出追踪线,输入100↙)

　　　　指定另一条半轴长度或[旋转(R)]:(25↙)

　　　　指定起始角度或[参数(P)]:(50↙)

　　　　指定终止角度或[参数(P)/包含角度(I)]:(270↙)

即可完成轴端点方式椭圆弧如图2-4-4(b)所示。

温馨提示:绘制椭圆弧时,起始角和终止角是从单击第一个端点按逆时针确定的。如上例中起始角度输入270,终止角输入50,则得到的椭圆弧如图2-4-5所示。

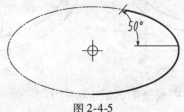

图2-4-5

任务实施

学习了以上知识,丁丁很快完成了椭圆垫片的绘制。

【例3】 绘制图2-4-1所示椭圆垫片。

步骤：

① 单击"常用"选项卡"绘图"面板中的"椭圆"按钮的轴端点方式 轴,端点。

命令提示：

　　　　指定椭圆的轴端点或[圆弧(A)/中心点(C)]:(屏幕上任意单击一点)

　　　　指定轴的端点:(鼠标向右引出追踪线,输入75↙)

　　　　指定另一条半轴长度或[旋转(R)]:(27.5↙)

即可画出最外面的椭圆如图 2-4-6 所示。

② 单击"常用"选项卡"绘图"面板中"椭圆"按钮的中心点方式 圆心。

命令提示：

　　　　指定椭圆的中心点：(单击上一步绘出的椭圆圆心)

　　　　指定轴的端点：(鼠标向右引出追踪线，输入 32.5 ↙)

　　　　指定另一条半轴长度或[旋转(R)]：(22.5 ↙)

即可画出里面的椭圆，如图 2-4-7 所示。

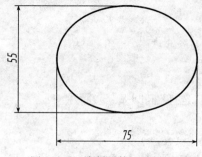

图 2-4-6　绘制最外面的椭圆

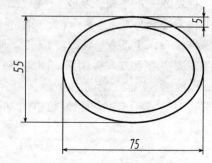

图 2-4-7　绘制里面的椭圆

③ 用"圆"命令绘制四个直径为 7.5 和四个半径为 7.5 的圆，如图 2-4-8 所示。

④ 用"修剪"命令修剪多余的线条，如图 2-4-9 所示。

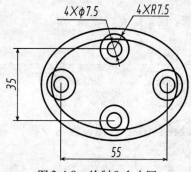

图 2-4-8　绘制 8 个小圆

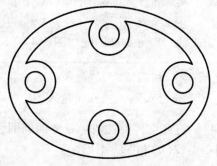

图 2-4-9　修剪多余线条

⑤ 用"圆角"命令圆角即可完成全图，如图 2-4-10 所示。

任务小结

通过垫片的绘制，我们掌握了椭圆或两椭圆弧的绘制按条件的不同有"中心点"和"轴端点"两种方式，绘图前需看清楚已知条件，从而确定绘制方法。

拓展提高

一、镜像

在上一个例题中的四个圆和圆弧中，其中有两个

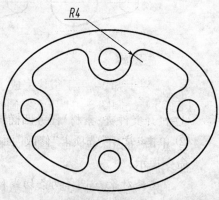

图 2-4-10　圆角

是左右对称,有两个是上下对称,在绘制时可以只画出对称的其中一个,然后用"镜像"命令就可以编辑出另外一个。

通过"修改"→"镜像"菜单或单击"常用"选项卡"修改"面板中的"镜像"按钮▲等,如图2-4-11所示,可以执行镜像命令。

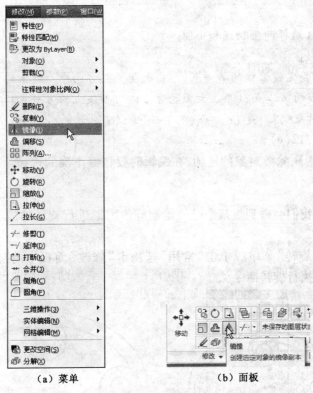

（a）菜单　　　　　　（b）面板

图 2-4-11　镜像命令

【例4】　打开文件夹:素材\任务四椭圆垫片的绘制\例题4,用镜像命令将图 2-4-12（a）编辑成图 2-4-12（b）和图 2-4-12（c）。

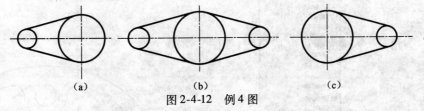

（a）　　　　　　（b）　　　　　　（c）

图 2-4-12　例 4 图

步骤:

① 打开文件夹:素材\任务四椭圆垫片的绘制\例题4。

② 单击"常用"选项卡"修改"面板中的"镜像"按钮▲。

命令提示:

　　选择对象:(选择两条切线和小圆↙)

　　选择对象:(↙)

　　选择对象:指定镜像线的第一点(单击大圆竖直方向中心线上的任一点)

73

指定镜像线的第二点:(单击大圆竖直方向中心线上的另一点)

要删除源对象吗? [是(Y)/否(N)] <N>:(✓)

即可得到图2-4-12(b)。

③ 单击"常用"选项卡"修改"面板中的"镜像"按钮 ◭ 。

命令提示:

选择对象:(选择两条切线和小圆✓)

选择对象:(✓)

选择对象:指定镜像线的第一点(单击大圆竖直方向中心线上的任一点)

指定镜像线的第二点:(单击大圆竖直方向中心线上的另一点)

要删除源对象吗? [是(Y)/否(N)] <N>:(Y✓)

即可得到图2-4-12(c)。

镜像后都有是否删除源对象的选项,在编辑时要作好正确的选择。

二、旋转

在绘图过程中,我们会碰到将某个已经绘制好的图形进行旋转的需求,在 AutoCAD 中对应的命令就是"旋转"。

通过"修改"→"旋转"菜单或单击"常用"选项卡"修改"面板中的"旋转"按钮 ○ 等,如图2-4-13所示,可以执行旋转命令。

（a）菜单

（b）面板

图2-4-13 "旋转"命令

【例5】 打开文件夹:素材\任务四椭圆垫片的绘制\例题5,用旋转命令将图2-4-14(a)编辑成图2-4-14(b)。

步骤:

① 打开文件夹:素材\任务四椭圆垫片的绘制\例题5。

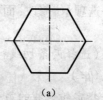

（a）

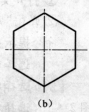

（b）

图2-4-14 例5图

② 单击"常用"选项卡"修改"面板中的"旋转"按钮 ⟳。

命令提示：

选择对象:(单击正六边形)

选择对象:(↙)

指定基点:(单击正六边形的中心)

指定旋转角度,或[复制(C)/参照(R)]<0>:(90 ↙)

即可得到图 2-4-14(b)。

三、图案填充和渐变色

AutoCAD 中,可以对某一封闭的区域填充指定的图案(如机械制图中的剖面符号)或颜色。

通过"绘图"→"图案填充","绘图"→"渐变色"菜单或单击"常用"选项卡"绘图"面板中的"图案填充"按钮 ▨ 或"渐变色"按钮 ▤ 等,如图 2-4-15 所示,可以执行填充图案或颜色的命令。

> **温馨提示:**图案填充与渐变色虽然对应着两个命令和按钮,但是单击之后出现的是同一个对话框,操作步骤也完全一样。

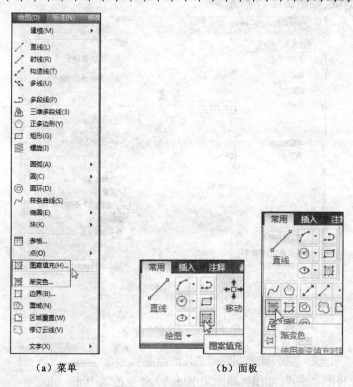

（a）菜单　　　　（b）面板

图 2-4-15　"图案填充"和"渐变色"命令

【例6】　打开文件夹:素材\任务四椭圆垫片的绘制\例题6,参照图 2-4-16(a)将图 2-4-16(b)进行图案填充和颜色填充。

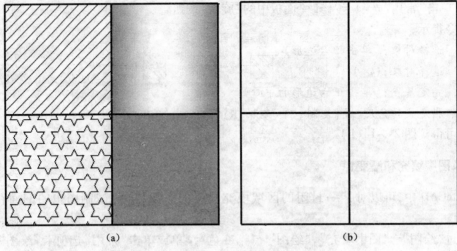

（a） （b）

图 2-4-16 例 6 图

步骤：

① 打开文件夹：素材\任务四椭圆垫片的绘制\例题 6。

② 填充左上图案：单击"常用"选项卡"绘图"面板中的"图案填充"按钮▨，弹出"图案填充和渐变色"对话框，如图 2-4-17 所示。

图 2-4-17 "图案填充和渐变色"对话框

再单击"图案"右边的按钮▭，弹出"填充图案选项板"对话框，如图 2-4-18 所示，选择 ANSI 选项卡中图案 ANSI31，单击"确定"按钮。

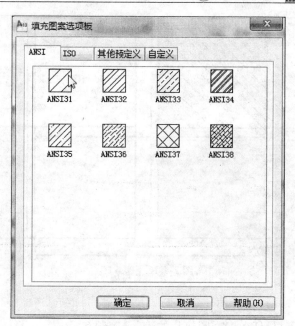

图 2-4-18 "填充图案选项板"对话框

返回"图案填充和渐变色"对话框如图 2-4-19 所示。

图 2-4-19 返回"图案填充和渐变色"对话框

单击"添加:拾取点"按钮圖,返回绘图界面,单击左上角的矩形内部任意位置,按【Space】键确定拾取的填充空间,再返回"图案填充和渐变色"对话框,单击"确定"按钮即可填充左上角矩形内的图案,如图 2-4-20 所示。

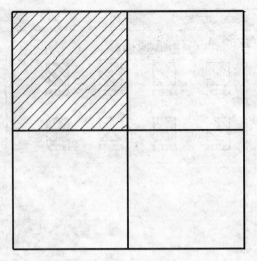

图 2-4-20　填充左上角矩形内图案

③ 填充左下角图案。

操作步骤与上一步基本相同,不同之处是在弹出"填充图案选项板"时选择"其他预定义"选项卡中图案 STARS,如图 2-4-21 所示。

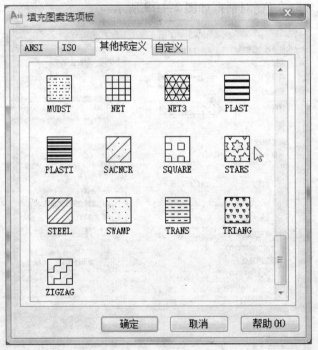

图 2-4-21　选择 STARS 图案

得到的填充效果如图 2-4-22 所示。

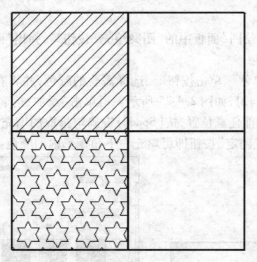

图 2-4-22 填充左下角图案

④ 填充右上角颜色。

单击"常用"选项卡"绘图"面板中的"图案填充"按钮，弹出"图案填充和渐变色"对话框，选择"渐变色"选项卡，如图 2-4-23 所示。

图 2-4-23 "渐变色"选项卡

在"颜色"区选中"单色"单选按钮，单击按钮选择需要的颜色，并选择第 1 行第 2 列的颜色填充方式，再单击"添加:拾取点"按钮，返回绘图界面，单击右上角的矩形内部任意位置，按【Space】键确定拾取的填充空间，再返回"图案填充和渐变色"对话框，单击"确定"按钮即可填充右上角矩形内的颜色，如图 2-4-24 所示。

⑤ 填充右下角颜色。

单击"常用"选项卡"绘图"面板中的"图案填充"按钮🖾,弹出"图案填充和渐变色"对话框,选择"渐变色"选项卡。

在"颜色"区选择"单色",单击按钮🔲选择需要的颜色,并将右边的滑块往左滑,使下方每个颜色色块都变得均匀,如图 2-4-25 所示。再单击"添加:拾取点"按钮🔳,返回绘图界面,单击右下角的矩形内部任意位置,按【Space】键确定拾取的填充空间,再返回"图案填充和渐变色"对话框,单击"确定"按钮即可填充右下角矩形内的颜色,如图 2-4-16(a)所示。

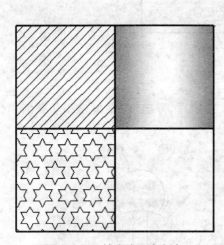

图 2-4-24 填充右上角颜色

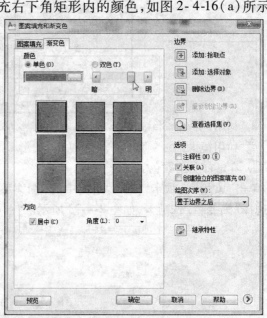

图 2-4-25 每个色块都变得均匀

练习题

1. 作椭圆阵列,椭圆尺寸如图 2-4-26(a)所示;将图 2-4-26(a)所示椭圆阵列,阵列中心在椭圆的圆心,阵列个数为 5 个,得到图 2-4-26(b);将将图 2-4-26(a)椭圆阵列,阵列中心在椭圆的圆心向左 8mm 的位置,阵列个数为 40 得到图 2-4-26(c)。

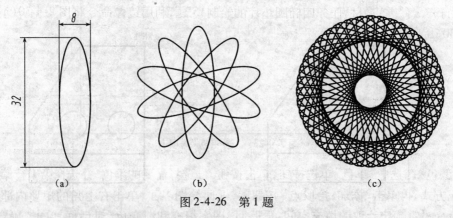

图 2-4-26 第 1 题

2. 绘制图 2-4-27 所示图形,注意椭圆命令的运用。

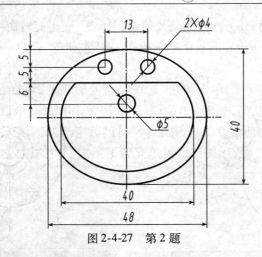

图 2-4-27 第 2 题

3. 利用镜像命令绘制图 2-4-28 所示图形,尺寸自定。

4. 利用镜像命令绘制图 2-4-29 所示图形,尺寸自定。

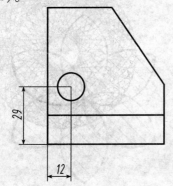

图 2-4-28 第 3 题

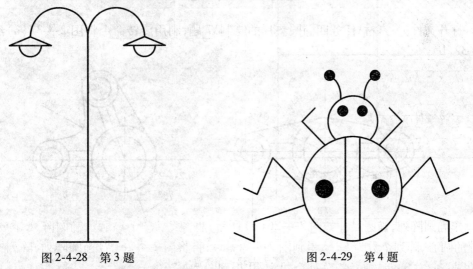

图 2-4-29 第 4 题

5. 打开文件夹:素材\任务四椭圆垫片的绘制\5 题,利用镜像命令将图 2-4-30(a)编辑成图 2-4-30(b)。

图 2-4-30 第 5 题

6. 打开文件夹:素材\任务四椭圆垫片的绘制\6 题,利用旋转命令将图 2-4-31(a)编辑成图 2-4-31(b)。

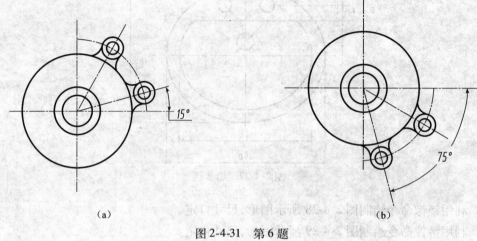

（a）　　　　　　　　　　　　　（b）

图 2-4-31　第 6 题

7. 打开文件夹:素材\任务四椭圆垫片的绘制\7 题,利用旋转命令将图 2-4-32(a)编辑成图 2-4-32(b)。

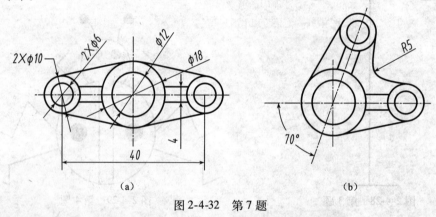

（a）　　　　　　　　　　　　　（b）

图 2-4-32　第 7 题

8. 在图 2-4-33(a)的基础上裁剪图形,并填充图案得到图 2-4-33(b)。

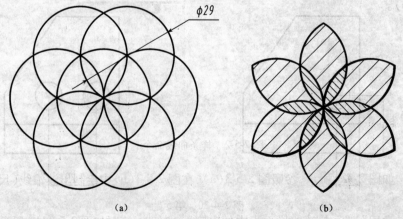

（a）　　　　　　　　　　　　　（b）

图 2-4-33　第 8 题

任务五 凸轮的绘制

任务介绍

丁丁在机械基础上学到"凸轮"机构,看着凸轮机构这种不规则的形状,如图 2-5-1 所示,他想:我能用 AutoCAD 把绘制出来吗?

任务解析

凸轮的轮廓既非直线又非圆弧,图上标注的数字为凸轮上确定各点位置的线段的长度和角度,用"样条曲线"命令可以实现各点间光滑连接,因此需要先学习"样条曲线"命令。

相关知识

样条曲线

样条曲线是通过指定一系列给定点的光滑曲线。可以用于绘制波浪线等。

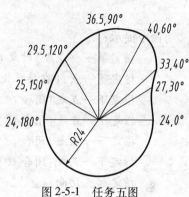

图 2-5-1 任务五图

通过"绘图"→"样条曲线"菜单或单击"常用"选项卡"绘图"面板中的"样条曲线"按钮～等,可以执行样条曲线命令,如图 2-5-2 所示。

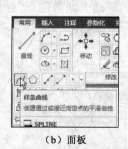

(a)菜单　　　　　　　(b)面板

图 2-5-2 样条曲线命令

【例1】 如图 2-5-3 所示,参照图 2-5-3(a),在图 2-5-3(b)中绘制出波浪线(尺寸自定)。

步骤:

① 单击"常用"选项卡"绘图"面板中的"直线"按钮，绘制如图 2-5-3(b)所示线框。

83

② 单击"常用"选项卡"绘图"面板中的"样条曲线"按钮∿。

（a）　　　　　　　　　　（b）

图 2-5-3　例 1 图

命令提示：

  指定第一个点或[对象(O)]：（单击波浪线的起点）

  指定下一点：（在屏幕上适当位置单击）

  指定下一点或[闭合(C)/拟合公差(F)]＜起点切向＞：（在屏幕上适当位置单击）

  指定下一点或[闭合(C)/拟合公差(F)]＜起点切向＞：（在屏幕上适当位置单击）

  指定下一点或[闭合(C)/拟合公差(F)]＜起点切向＞：（在屏幕上适当位置单击）

  指定下一点或[闭合(C)/拟合公差(F)]＜起点切向＞：（↙）

  指定起点切向：（↙）

  指定端点切向：（↙）

即可完成样条曲线的绘制。

> **温馨提示**：在绘制样条曲线过程中，指定样条曲线经过的点的数目没有统一要求，要视样条曲线的形状自己确定。

任务实施

学习了上面的例题，丁丁尝试凸轮的绘制。

【例 2】 绘制图 2-5-1 所示凸轮。

步骤：

① 单击"常用"选项卡"绘图"面板中的"直线"按钮╱，按极轴追踪方式绘制图 2-5-4 所示直线。

② 单击"常用"选项卡"绘图"面板中的"圆"按钮，选择"圆心，半径"选项，绘制圆并进行修剪，如图 2-5-5 所示。

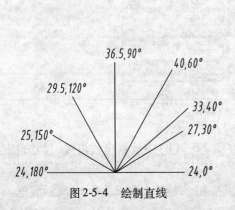

图 2-5-4　绘制直线

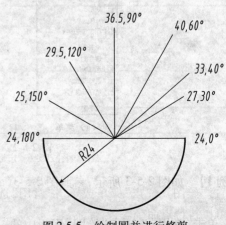

图 2-5-5　绘制圆并进行修剪

③ 单击"常用"选项卡"绘图"面板中的"样条曲线"按钮～。

命令提示:

　　指定第一个点或[对象(O)]:(单击起点24,180°)

　　指定下一点:(单击25,150°)

　　指定下一点或[闭合(C)/拟合公差(F)]<起点切向>:(单击29.5,120°)

　　指定下一点或[闭合(C)/拟合公差(F)]<起点切向>:(单击36,90°)

　　指定下一点或[闭合(C)/拟合公差(F)]<起点切向>:(单击40,60°)

　　指定下一点或[闭合(C)/拟合公差(F)]<起点切向>:(单击33,40°)

　　指定下一点或[闭合(C)/拟合公差(F)]<起点切向>:(单击27,30°)

　　指定下一点或[闭合(C)/拟合公差(F)]<起点切向>:(单击24,0°)

　　指定下一点或[闭合(C)/拟合公差(F)]<起点切向>:(↙)

　　指定起点切向:(↙)

　　指定端点切向:(↙)

完成样条曲线的绘制,如图2-5-1所示。

任务小结

通过凸轮的绘制,我们了解到在样条曲线的绘制中,只要确定样条曲线经过的一些点,即可绘制出所需曲线。

拓展提高

一、点

在绘图过程中,有时需要按设定的点样式在指定的位置画点,也有可能在指定的对象上给定等分点的数目进行"定数等分"或按一定距离进行"定距等分",这时需要用"点"命令来实现。

"定数等分"与"定距等分"的区别如图2-5-6和图2-5-7所示。

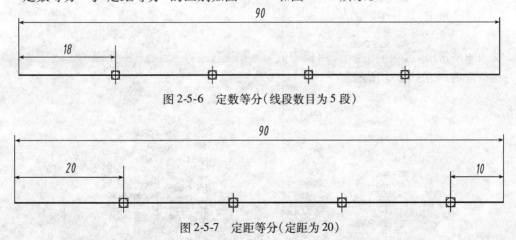

图2-5-6　定数等分(线段数目为5段)

图2-5-7　定距等分(定距为20)

通过"绘图"→"点"菜单或单击"常用"选项卡"绘图"面板中的"点"按钮·等,如图2-5-8所示,可以执行点命令。

在执行画点命令之前应先设定点样式,点样式决定所画点的大小和形状。

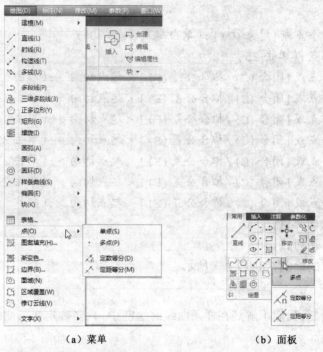

（a）菜单　　　　　　（b）面板

图 2-5-8　点命令

通过"格式"→"点样式"菜单或单击"常用"选项卡"实用工具"面板中的"点样式"按钮 点样式…等,如图 2-5-9 所示,可以弹出"点样式"对话框。

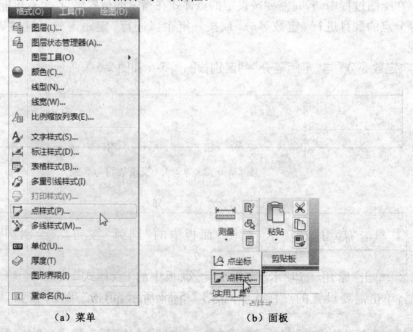

（a）菜单　　　　　　（b）面板

图 2-5-9　点样式命令

"点样式"对话框如图 2-5-10 所示,用户可以在此对话框中选择点的样式和调整点的大小。

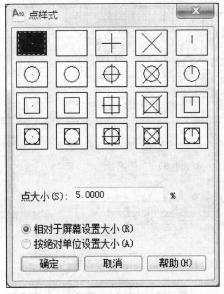

图 2-5-10 "点样式"对话框

【例3】 在图 2-5-11(a)中画出圆弧的端点、圆心,点样式如图 2-5-11(b)所示。

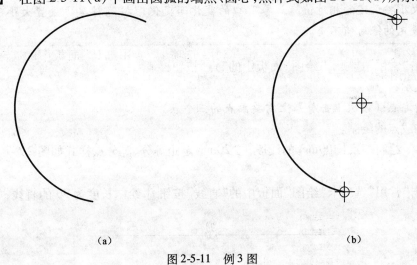

(a)   (b)

图 2-5-11 例3图

步骤:

① 单击"常用"选项卡"绘图"面板中的"圆弧"按钮 ,绘制圆弧如图 2-5-11(a) 所示。

② 单击"常用"选项卡"实用工具"面板中的"点样式"按钮 点样式,弹出"点样式"对话框,单击需要设置的点样式⊕,如图 2-5-12 所示,单击"确定"按钮,即可完成点样式的设定。

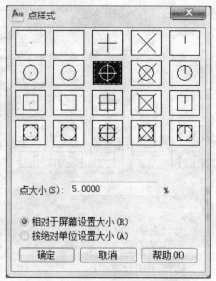

图 2-5-12　单击需要设置的点样式

温馨提示:"点样式"对话框中"点大小"用以设置所画点的大小。有"相对于屏幕大小设置大小"和"按绝对单位设置大小"两种设置方式。其中"相对于屏幕大小设置大小"即点的大小按设定的相对值随屏幕窗口的变化而变化;"按绝对单位设置大小"即点的大小按设定的绝对值不变。

③ 单击"常用"选项卡"绘图"面板中的"点"按钮 · 多点 。

命令提示:

指定点:(依次单击屏幕上需要画点的三个点)

即可完成点的绘制。

【例4】　绘制一条长90mm的线段,按20mm定距等分,等分点样式如图2-5-7所示。

步骤:

① 单击"常用"选项卡"绘图"面板中的"直线"按钮 ,绘制长度为90的直线,如图2-5-13所示。

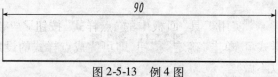

图 2-5-13　例4图

② 单击"常用"选项卡"实用工具"面板中的"点样式"按钮 点样式... ,弹出"点样式"对话框,如图2-5-14所示。再单击需要设置的点样式中,单击"确定"按钮,即可完成点样式的设定。

③ 单击"常用"选项卡"绘图"面板中的"点"按钮,选择"定距等分"选项 定距等分 。

命令提示:

选择要定距等分的对象:(单击第一步绘制好线段)

指定线段长度或[块(B)]:(20↙)

即可完成直线的定距等分。

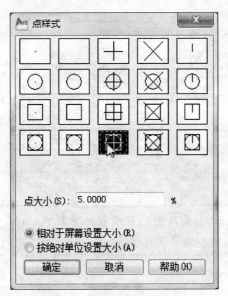

图 2-5-14 选择点样式

【例5】 绘制一段圆弧,将其三等分,并绘制四条半径线,如图 2-5-15 所示。

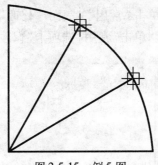

图 2-5-15 例 5 图

步骤:

① 单击"常用"选项卡"绘图"面板中的"圆弧"按钮 ,绘制圆弧如图 2-5-16 所示(尺寸自定)。

② 单击"常用"选项卡"实用工具"面板中的"点样式"按钮 点样式,弹出"点样式"对话框,单击需要设置的点样式 ,单击"确定"按钮,即可完成点样式的设定(若做该题前点样式已符合要求,这一步可以不做)。

③ 单击"常用"选项卡"绘图"面板中的"点"按钮,选择"定数等分"选项 定数等分。

命令提示:

选择要定数等分的对象:(单击圆弧)

输入线段数目或[块(B)]:(3↙)

完成圆弧的定数等分,如图 2-5-17 所示。

④ 单击"常用"选项卡"绘图"面板中的"直线"按钮 ,绘制四条半径线即可完成全图。

图 2-5-16　绘制圆弧　　　　　　　图 2-5-17　完成圆弧的定数等分

> **温馨提示:** "点样式"设定后,如需改变已经绘制的点样式,可以重新设置"点样式"来完成,如点样式不发生变化,则不需每次设置。

二、打断

打断命令用于去除对象上不需要的某一部分或者将一个对象分为两个对象,前者称为"打断"后者称为"打断于"。

通过"修改"→"打断"菜单或单击"常用"选项卡"修改"面板中的"打断"按钮 等,如图 2-5-18 所示,可以执行打断命令。单击"常用"选项卡"修改"面板中的"打断于"按钮 ,可以执行打断于命令。

（a）菜单　　　　　　　（b）面板

图 2-5-18 打断命令

【例6】 打开文件夹:素材\任务五凸轮的绘制\例题6,将图2-5-19(a)中表示螺纹大经的细实线用打断命令去掉1/4,如图2-5-19(b)所示。

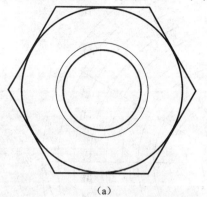 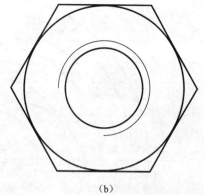

（a）   （b）

图2-5-19 例6图

步骤:

① 打开文件夹:素材\任务五凸轮的绘制\例题6。

② 单击"常用"选项卡"修改"面板中的"打断"按钮 。

命令提示:

　　选择对象:(单击图中细实线圆)

　　指定第二个打断点或[第一点(F)]:(F↙)

　　指定第一个打断点:(单击圆的最左象限点)

　　指定第二个打断点:(单击圆的最下象限点)

即可完成打断任务。

> **温馨提示:**
>
> ① "打断"某圆或圆弧时,去掉的部分是第一点到第二点之间逆时针旋转的部分。
>
> ② 在命令提示:"指定第二个打断点或[第一点(F)]:"时,若想以选择打断对象时单击的点为第一点,则直接单击第二点就可打断两点之间的图线;若不想以选择打断对象是单击的点为第一点,则选择F,重新单击打断的第一点。
>
> ③ "打断"命令不需要边界可以在图线上任意两点之间去掉不要的部分,而"修剪"需要边界只能在已有的边界之间去掉图线。
>
> ④ "打断于"命令 可将一个对象分成两个部分,操作与"打断"命令相似,这里不再赘述,同学们可以自己按提示操作。但该命令不能将圆或椭圆分成两个部分。

练习题

1. 绘制阿基米德螺线,如图2-5-20所示。将圆周和半径分为12等分,作各条辐射线和等距圆,得点1、2、…,用样条曲线命令光滑连接各点即得。

2. 绘制图2-5-21所示图形(先将直径等分)。

3. 绘制图2-5-22所示棘轮(提示:可以先将直径为40的圆12等分,找到棘轮的尖点,作出一个齿的轮廓,再阵列出12个齿)。

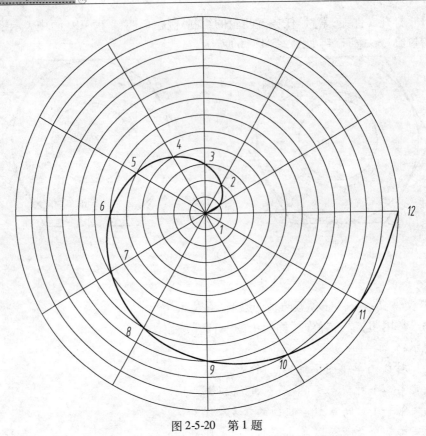

图 2-5-20　第 1 题

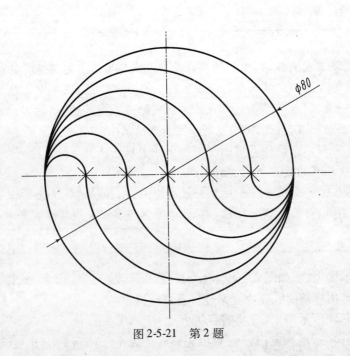

图 2-5-21　第 2 题

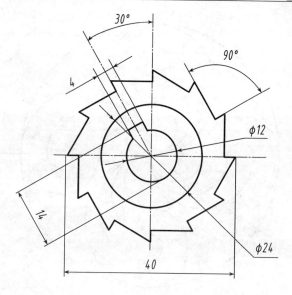

图 2-5-22　第 3 题

4. 绘制图 2-5-23 所示图形。

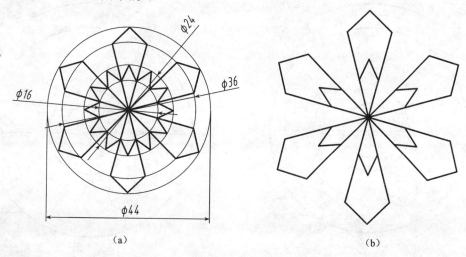

（a）　　　　　　　　　　　　　　　　（b）

图 2-5-23　第 4 题

5. 绘制图 2-5-24 所示图形。

6. 打开文件夹：素材\任务五凸轮的绘制\6 题，用打断命令将图 2-5-25（a）编辑成图 2-5-25（b）。

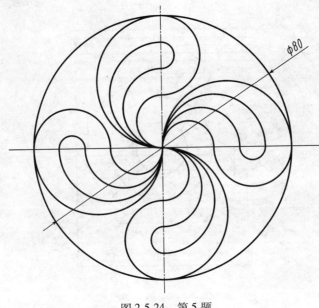

图 2-5-24　第 5 题

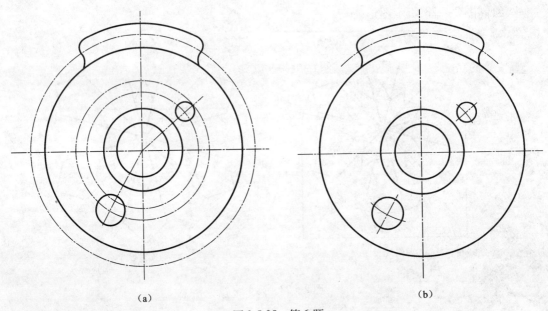

（a）　　　　　　　　　　　　　（b）

图 2-5-25　第 6 题

任务六　操场跑道的绘制

📺 任务介绍

　　今天，丁丁班的体育课在学校操场上进行 400m 测试，大家在跑道上你追我赶，跑道的图形在丁丁脑海里留下了深刻的印象，他开始思考怎样用 AutoCAD 把跑道绘制出来，为了绘图方便，他自拟了图 2-6-1 所示尺寸。

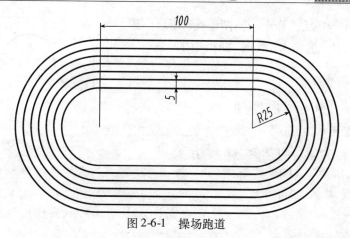

图 2-6-1　操场跑道

🔶 **任务解析**

用学过的"直线"和"圆"命令,丁丁能绘制出以上跑道,爸爸看了后说,其实用"多段线"命令画出里圈,再用"偏移"命令能很方便地绘制出外面各圈。本任务要掌握的新命令就是"多段线"和"偏移"。

🔘 **相关知识**

一、多段线

多段线的功能较多,可以画直线,也可以画圆弧,还可以变换宽度,半宽等。而且画出的图线是一个整体对象,有时利于编辑。

通过"绘图"→"多段线"菜单或单击"常用"选项卡"绘图"面板中的"多段线"按钮▭等,如图 2-6-2 所示,可以执行多段线的绘图命令。

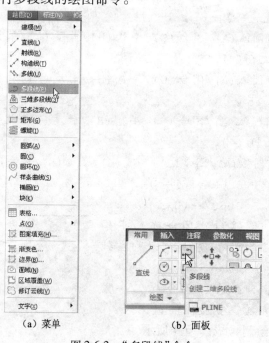

（a）菜单　　　　（b）面板

图 2-6-2　"多段线"命令

【例1】 利用"多段线"命令绘制图2-6-3所示图形。

步骤:单击"常用"选项卡"绘图"面板中的"多段线"按钮⏣。

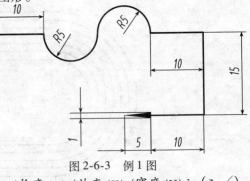

图2-6-3　例1图

命令提示:

　　指定起点:(单击屏幕上适当位置)

　　当前线宽为0.0000

　　指定下一个点或 [圆弧(A)/半宽(H)/长度(L)/放弃(U)/宽度(W)]:(向右引出追踪线,输入10✓)

　　指定下一点或[圆弧(A)/闭合(C)/半宽(H)/长度(L)/放弃(U)/宽度(W)]:(A✓)

　　指定圆弧的端点或

　　[角度(A)/圆心(CE)/闭合(CL)/方向(D)/半宽(H)/直线(L)/半径(R)/第二个点(S)/放弃(U)/宽度(W)]:(A✓)

　　指定包含角:(180✓)

　　指定圆弧的端点或 [圆心(CE)/半径(R)]:(向右引出追踪线,输入10✓)

　　指定圆弧的端点或

　　[角度(A)/圆心(CE)/闭合(CL)/方向(D)/半宽(H)/直线(L)/半径(R)/第二个点(S)/放弃(U)/宽度(W)]:(A✓)

　　指定包含角:(-180✓)

　　指定圆弧的端点或 [圆心(CE)/半径(R)]:(向右引出追踪线,输入10✓)

　　指定圆弧的端点或

　　[角度(A)/圆心(CE)/闭合(CL)/方向(D)/半宽(H)/直线(L)/半径(R)/第二个点(S)/放弃(U)/宽度(W)]:(L✓)

　　指定下一点或[圆弧(A)/闭合(C)/半宽(H)/长度(L)/放弃(U)/宽度(W)]:(向右引出追踪线,输入10✓)

　　指定下一点或[圆弧(A)/闭合(C)/半宽(H)/长度(L)/放弃(U)/宽度(W)]:(向下引出追踪线,输入15✓)

　　指定下一点或[圆弧(A)/闭合(C)/半宽(H)/长度(L)/放弃(U)/宽度(W)]:(向左引出追踪线,输入10✓)

　　指定下一点或[圆弧(A)/闭合(C)/半宽(H)/长度(L)/放弃(U)/宽度(W)]:(W✓)

　　指定起点宽度 <0.0000 >:(1✓)

　　指定端点宽度 <1.0000 >:(0✓)

　　指定下一点或 [圆弧(A)/闭合(C)/半宽(H)/长度(L)/放弃(U)/宽度(W)]:(向左引出追踪线,输入5✓)

　　指定下一点或 [圆弧(A)/闭合(C)/半宽(H)/长度(L)/放弃(U)/宽度(W)]:(✓)

即可完成多段线的绘制,如图2-6-4所示。

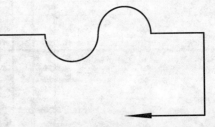

图2-6-4　完成多段线的绘制

二、偏移

偏移用于创建其造型与原始造型平行的新对象,可以用偏移命令来创建同心圆、平行线和平行曲线等。

通过"修改"→"偏移"菜单或单击"常用"选项卡"修改"面板中的"偏移"按钮 ⊿ 等,如图 2-6-5 所示,可以执行偏移命令。

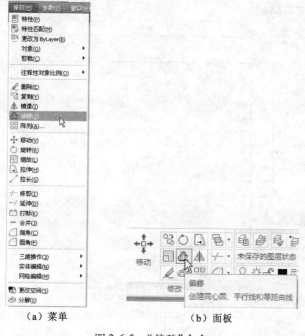

（a）菜单　　　　　　　（b）面板

图 2-6-5　"偏移"命令

【例 2】　用"矩形"命令绘制图 2-6-6 所示最外层的矩形,并使用偏移命令编辑出里面的矩形。

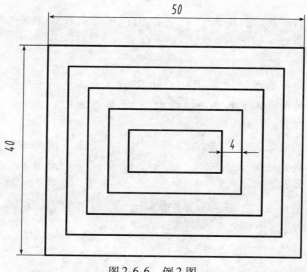

图 2-6-6　例 2 图

步骤：

① 单击"常用"选项卡"绘图"面板中的"矩形"按钮□。

命令提示：

指定第一个角点或[倒角(C)/标高(E)/圆角(F)/厚度(T)/宽度(W)]：(单击屏幕上适当位置)

指定另一个角点或[面积(A)/尺寸(D)/旋转(R)]：(@50,40 ↙)

绘制如图2-6-7所示矩形。

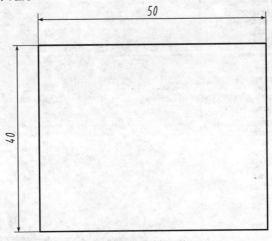

图2-6-7　绘制矩形

② 单击"常用"选项卡"修改"面板中的"偏移"按钮。

命令提示：

指定偏移距离或[通过(T)/删除(E)/图层(L)]<通过>：(4 ↙)

选择要偏移的对象，或[退出(E)/放弃(U)]<退出>：(单击刚绘制好的矩形)

指定要偏移的那一侧上的点，或[退出(E)/多个(M)/放弃(U)]<退出>：(单击矩形内部)

选择要偏移的对象，或[退出(E)/放弃(U)]<退出>：(单击刚偏移好的矩形)

指定要偏移的那一侧上的点，或[退出(E)/多个(M)/放弃(U)]<退出>：(单击矩形内部)

选择要偏移的对象，或[退出(E)/放弃(U)]<退出>：(单击刚偏移好的矩形)

指定要偏移的那一侧上的点，或[退出(E)/多个(M)/放弃(U)]<退出>：(单击矩形内部)

选择要偏移的对象，或[退出(E)/放弃(U)]<退出>：(单击刚偏移好的矩形)

指定要偏移的那一侧上的点，或[退出(E)/多个(M)/放弃(U)]<退出>：(单击矩形内部)

选择要偏移的对象，或[退出(E)/放弃(U)]<退出>：* 取消 *（↙）

即可完成矩形的偏移。

任务实施

学习了多段线和偏移，丁丁方便快捷地绘制出了学校操场的跑道。

【例3】 绘制图2-6-1所示操场跑道。

步骤：

① 单击"常用"选项卡"绘图"面板中的"多段线"按钮👝。

命令提示：

指定起点：(单击屏幕上适当位置)

当前线宽为0.0000

指定下一个点或[圆弧(A)/半宽(H)/长度(L)/放弃(U)/宽度(W)]：(向右引出追踪线，输入100✓)

指定下一点或[圆弧(A)/闭合(C)/半宽(H)/长度(L)/放弃(U)/宽度(W)]：(A✓)

指定圆弧的端点或[角度(A)/圆心(CE)/闭合(CL)/方向(D)/半宽(H)/直线(L)/半径(R)/第二个点(S)/放弃(U)/宽度(W)]：(向上引出追踪线，输入50✓)

指定圆弧的端点或[角度(A)/圆心(CE)/闭合(CL)/方向(D)/半宽(H)/直线(L)/半径(R)/第二个点(S)/放弃(U)/宽度(W)]：(L✓)

指定下一点或[圆弧(A)/闭合(C)/半宽(H)/长度(L)/放弃(U)/宽度(W)]：(向左引出追踪线，输入100✓)

指定下一点或[圆弧(A)/闭合(C)/半宽(H)/长度(L)/放弃(U)/宽度(W)]：(A✓)

指定圆弧的端点或[角度(A)/圆心(CE)/闭合(CL)/方向(D)/半宽(H)/直线(L)/半径(R)/

第二个点(S)/放弃(U)/宽度(W)]：(CL✓)

即可绘制完最里面的一条跑道线，如图2-6-8所示。

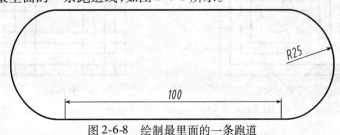

图2-6-8 绘制最里面的一条跑道

② 单击"常用"选项卡"修改"面板中的"偏移"按钮👝。

命令提示：

指定偏移距离或[通过(T)/删除(E)/图层(L)]<通过>：(5✓)

选择要偏移的对象，或[退出(E)/放弃(U)]<退出>：(单击刚绘制好的多段线)

指定要偏移的那一侧上的点，或[退出(E)/多个(M)/放弃(U)]<退出>：(单击跑道线外部)

选择要偏移的对象，或[退出(E)/放弃(U)]<退出>：(单击刚偏移好的跑道线)

指定要偏移的那一侧上的点，或[退出(E)/多个(M)/放弃(U)]<退出>：(单击跑道线外部)

选择要偏移的对象，或[退出(E)/放弃(U)]<退出>：(单击刚偏移好的跑道线)

指定要偏移的那一侧上的点，或[退出(E)/多个(M)/放弃(U)]<退出>：(单击跑道线外部)

选择要偏移的对象,或 [退出 (E) / 放弃 (U)] < 退出 > :(单击刚偏移好的跑道线)

指定要偏移的那一侧上的点,或 [退出 (E) / 多个 (M) / 放弃 (U)] < 退出 > :(单击跑道线外部)

选择要偏移的对象,或 [退出 (E) / 放弃 (U)] < 退出 > :(单击刚偏移好的跑道线)

指定要偏移的那一侧上的点,或 [退出 (E) / 多个 (M) / 放弃 (U)] < 退出 > :(单击跑道线外部)

选择要偏移的对象,或 [退出 (E) / 放弃 (U)] < 退出 > :(单击刚偏移好的跑道线)

指定要偏移的那一侧上的点,或 [退出 (E) / 多个 (M) / 放弃 (U)] < 退出 > :(单击跑道线外部)

即可完成操场跑道的绘制。

任务小结

通过操场跑道的绘制,我们掌握了多段线的绘制和偏移的编辑方法,需要注意:

① 多段线画出的线条不管有多少段都是一个整体,多段线还可以画出宽度不同的线段。

② 偏移的对象必须是一个整体,否则偏移不出想要的效果,例如图 2-6-9(a)是矩形命令绘出的最外面的矩形,偏移时整个矩形偏移即可,而图 2-6-9(b)最外面的矩形是由直线命令画出的四条直线组成,偏移时需要每条直线单个偏移,且偏移效果是一组平行线。

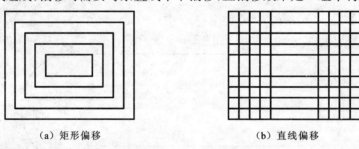

(a)矩形偏移　　　　　　　　　　　(b)直线偏移

图 2-6-9　多段线与非多段线偏移的区别

拓展提高

从任务小结中我们知道,用直线命令画出的矩形和矩形命令画出的矩形看起来是一样的,但是二者却有着本质的差别,直线命令画出的矩形不属于多段线,所以直线命令画出的四条边是四个对象可以分别进行删除、移动、偏移等编辑,而矩形画出的四条边是一个整体,是一个对象,不能对其中一条边进行编辑。

在 AutoCAD 中,可以将已经绘制好的多段线分解成若干段独立的对象(直线或圆弧),也可以将许多条独立的相连的线段编辑成多段线。前者通过"分解"命令进行编辑,后者通过"编辑多段线"进行编辑。

一、分解

通过"修改"→"分解"菜单或单击"常用"选项卡"修改"面板中的"分解"按钮 等,如图 2-6-10所示,可以执行分解命令。

修改(M) 参数(P) 窗口(W)

特性(P)
特性匹配(M)
更改为 ByLayer(B)
对象(O)
剪裁(C)
注释性对象比例(O)
删除(E)
复制(Y)
镜像(I)
偏移(S)
阵列(A)...
移动(V)
旋转(R)
缩放(L)
拉伸(H)
拉长(G)
修剪(T)
延伸(D)
打断(K)
合并(J)
倒角(C)
圆角(F)
三维操作(3)
实体编辑(N)
网格编辑(M)
更改空间(S)
分解(X)

（a）菜单

（b）面板

图 2-6-10 分解命令

【例4】 如图 2-6-11 所示,先用矩形命令绘制图 2-6-11(a)(尺寸自定),再将其分解并删除底边如图 2-6-11(b)所示。

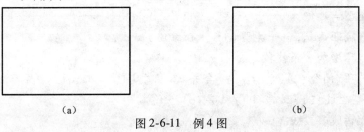

（a）

（b）

图 2-6-11 例 4 图

步骤:

① 单击"常用"选项卡"绘图"面板中的"矩形"按钮□,绘矩形如图 2-6-11(a)所示。

② 单击"常用"选项卡"修改"面板中的"分解"按钮。

命令提示:

选择对象:(单击上一步绘制的矩形)找到 1 个

选择对象:(↙)

矩形即按四条边分解成四个对象。

③ 单击"常用"选项卡"修改"面板中的"删除"按钮,删去底边即可完成全图。

温馨提示:若此矩形未分解,则删除的将是整个矩形。

二、编辑多段线

将许多条独立的相连的线段编辑成多段线,称为编辑多段线。单击"常用"选项卡"修改"面板中的"编辑多段线"按钮✎等,如图 2-6-12 所示,可以执行编辑多段线命令。

图 2-6-12 "编辑多段线"命令

【例5】 将【例4】中得到的图形,如图 2-6-11(b)所示,编辑成多段线。

步骤:单击"常用"选项卡"修改"面板中的"编辑多段线"按钮✎。

命令提示:

选择多段线或[多条(M)]:(M↙)

选择对象:(选中三条边)

选择对象:(↙)

是否将直线、圆弧和样条曲线转换为多段线? [是(Y)/否(N)]? ＜Y＞(↙)

输入选项[闭合(C)/打开(O)/合并(J)/宽度(W)/拟合(F)/样条曲线(S)/非曲线化(D)/线型生成(L)/反转(R)/放弃(U)]:(J↙)

合并类型 = 延伸

输入模糊距离或[合并类型(J)]＜0.0000＞:(↙)

多段线已增加 2 条线段

输入选项[闭合(C)/打开(O)/合并(J)/宽度(W)/拟合(F)/样条曲线(S)/非曲线化(D)/线型生成(L)/反转(R)/放弃(U)]:(↙)

三条边即编辑成多段线。

三、查询图形面积和周长

绘制完图形之后,AutoCAD 可以查询包括区域的面积、周长、两点间的距离、半径、角度、坐标、时间等与该图相关的信息,其中两点间的距离、半径、坐标、角度等信息可以通过标注获得,且各种查询操作非常相似,这里不进行介绍。下面就以查询面积、周长为例介绍其操作过程。

查询面积与周长是指查询由指定对象所围成区域或以若干顶点构成的多边形区域的面积与周长,同时还可以进行面积的加、减运算。

通过"工具"→"查询"→"面积"菜单或单击"常用"选项卡"实用工具"面板"测量"下拉菜单中的"面积"按钮▱ ▦等,如图 2-6-13 所示,可以执行查询面积与周长命令。

（a）菜单　　　　　　　（b）面板

图 2-6-13　查询"面积"命令

【例6】 查询图 2-6-14 所示图形的面积与周长。

步骤：

① 用直线或矩形命令绘制图 2-6-14。

② 单击"常用"选项卡"实用工具"面板中的"测量"按钮下拉菜单中的"面积"按钮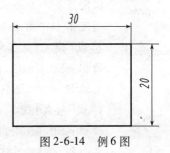。

命令提示：

指定第一个角点或 [对象 (O) /增加面积 (A) /减少面积 (S) /退出 (X)] <对象 (O) >: (单击矩形的第一个顶点)

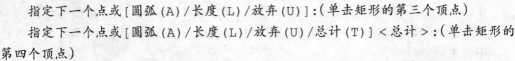

图 2-6-14　例6图

指定下一个点或 [圆弧 (A) /长度 (L) /放弃 (U)]: (单击矩形的第二个顶点)

指定下一个点或 [圆弧 (A) /长度 (L) /放弃 (U)]: (单击矩形的第三个顶点)

指定下一个点或 [圆弧 (A) /长度 (L) /放弃 (U) /总计 (T)] <总计 >: (单击矩形的第四个顶点)

指定下一个点或 [圆弧 (A) /长度 (L) /放弃 (U) /总计 (T)] <总计 >: (↙)

面积 = 600.0000, 周长 = 100.0000

输入选项 [距离 (D) /半径 (R) /角度 (A) /面积 (AR) /体积 (V) /退出 (X)] <面积 >: (X↙)

即可查出该矩形的面积为 600, 周长为 100。

【例7】 打开文件夹:素材\任务六操场跑道的绘制\例题7,查询图2-6-15中剖面线区域的面积。

步骤:

① 打开文件夹:素材\任务六操场跑道的绘制\例题7。

② 单击"常用"选项卡"实用工具"面板"测量"下拉菜单中的"面积"按钮 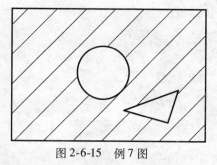。

图2-6-15 例7图

命令提示:

指定第一个角点或[对象(O)/增加面积(A)/减少面积(S)/退出(X)]<对象(O)>:(A↙)

指定第一个角点或[对象(O)/减少面积(S)/退出(X)]:

("加"模式)指定下一个点或[圆弧(A)/长度(L)/放弃(U)]:(单击大矩形的第一个顶点)

("加"模式)指定下一个点或[圆弧(A)/长度(L)/放弃(U)]:(单击大矩形的第二个顶点)

("加"模式)指定下一个点或[圆弧(A)/长度(L)/放弃(U)/总计(T)]<总计>:(单击大矩形的第三个顶点)

("加"模式)指定下一个点或[圆弧(A)/长度(L)/放弃(U)/总计(T)]<总计>:单击大矩形的第四个顶点↙)

面积=600.0000,周长=100.0000

总面积=600.0000

指定第一个角点或[对象(O)/减少面积(S)/退出(X)]:(S↙)

指定第一个角点或[对象(O)/增加面积(A)/退出(X)]:(O↙)

("减"模式)选择对象:(点击中间的小圆)

面积=50.4502,圆周长=25.1789

总面积=549.5498

("减"模式)选择对象:(↙)

面积=50.4502,圆周长=25.1789

总面积=549.5498

指定第一个角点或[对象(O)/增加面积(A)/退出(X)]:(单击三角形的一个顶点)

("减"模式)指定下一个点或[圆弧(A)/长度(L)/放弃(U)]:(单击三角形的另一个顶点)

("减"模式)指定下一个点或[圆弧(A)/长度(L)/放弃(U)]:(单击三角形的第三个顶点)

("减"模式)指定下一个点或[圆弧(A)/长度(L)/放弃(U)/总计(T)]<总计>:(↙)

面积=18.5116,周长=21.3329

总面积=531.0382

指定第一个角点或[对象(O)/增加面积(A)/退出(X)]:(X↙)

总面积=531.0382

输入选项[距离(D)/半径(R)/角度(A)/面积(AR)/体积(V)/退出(X)]
<面积>:*取消*

即可查出该图中剖面线部分面积为531.0382。

> **温馨提示:**增加面积(A)这种模式表示求多个对象面积以及它们的面积总和,因此在上例中第一次命令提示出现"指定第一个角点或[对象(O)/增加面积(A)/减少面积(S)/退出(X)]<对象(O)>:A✓"我们选择 A 这里是表示"多个对象面积"的意思。如果在后面的面积计算中面积是增加的关系,则直接单击增加对象即可;若需要减少面积,则需选择"减少面积(S)"选项。

【**例8**】 打开文件夹:素材\任务六 操场跑道的绘制\例题8,查询图2-6-16中矩形和圆形的面积之和。

步骤:

① 打开文件夹:素材\任务六操场跑道的绘制\例题8。

② 单击"常用"选项卡"实用工具"面板"测量"下拉菜单中的"面积"按钮。

命令提示:

指定第一个角点或[对象(O)/增加面积(A)/减少面积(S)/退出(X)]<对象(O)>:(A✓)

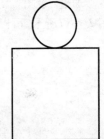

图2-6-16 例8图

指定第一个角点或[对象(O)/减少面积(S)/退出(X)]:(单击矩形的第一个顶点)

("加"模式)指定下一个点或[圆弧(A)/长度(L)/放弃(U)]:(单击矩形的第二个顶点)

("加"模式)指定下一个点或[圆弧(A)/长度(L)/放弃(U)]:(单击矩形的第三个顶点)

("加"模式)指定下一个点或[圆弧(A)/长度(L)/放弃(U)/总计(T)]<总计>:(单击矩形的第四个顶点)

("加"模式)指定下一个点或[圆弧(A)/长度(L)/放弃(U)/总计(T)]<总计>:(✓)

面积=400.0000,周长=80.0000

总面积=400.0000

指定第一个角点或[对象(O)/减少面积(S)/退出(X)]:(O✓)

("加"模式)选择对象:(单击上方的小圆)

面积=78.5398,圆周长=31.4159

总面积=478.5398

("加"模式)选择对象:(✓)

面积=78.5398,圆周长=31.4159

总面积=478.5398

指定第一个角点或[对象(O)/减少面积(S)/退出(X)]:*取消*

即可查出这两个面积之和为478.5398。

四、面域

通过以上几个例题我们发现，在查询面积时，会碰到这样的命令提示：

指定第一个角点或[对象(O)/减少面积(S)/退出(X)]：

这时，选择被查询的对象有两种方式：一如果这个对象是整体(圆、椭圆、正多边形、样条曲线、矩形等多段线)，则可以输入选项"对象(O)"，再点击该对象即可；二如果这个对象不是整体(如由直线构成的多边形等)，则需要以指定点为顶点构成的多边形围成区域，因此遇到选择对象的提示时直接点击多边形的各顶点即可。显然第一种情况操作起来比较快，特别是多边形有很多边时。我们在遇到第二种情况时，可以采用"编辑多段线"的方法将其编辑成多段线。除此之外我们还可以将该多边形线框创建为"面域"，从而进行查询。

通过"绘图"→"面域"菜单或单击"常用"选项卡"绘图"面板中的"面域"按钮⚪等，如图2-6-17所示，可以执行面域创建命令。

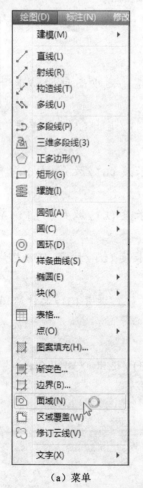

（a）菜单

（b）面板

图2-6-17　面域命令

【例9】 用直线命令绘制图 2-6-18 所示三角形,然后将其创建为面域,最后查询其面积和周长。

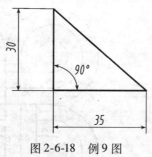

图 2-6-18 例 9 图

步骤:

① 用直线命令绘制图 2-6-18 所示图形。

② 单击"常用"选项卡"绘图"面板中的面域按钮◎。

命令提示:

选择对象:(窗口方式选择多边形的三条边)

选择对象:(↙)

已提取 1 个环。

已创建 1 个面域。

即可完成面域创建,将三条边框创建为三角形面域。

③ 单击"常用"选项卡"实用工具"面板"测量"下拉菜单中"面积"按钮▱ 面积。

命令提示:

指定第一个角点或[对象(O)/增加面积(A)/减少面积(S)/退出(X)] <对象(O)>:(O↙)

选择对象:(单击三角形面域)

面积 =525.0000,周长 =111.0977

输入选项[距离(D)/半径(R)/角度(A)/面积(AR)/体积(V)/退出(X)] <面积>:* 取消*

完成查询。

🔄 练习题

1. 绘制图 2-6-19 所示多段线。

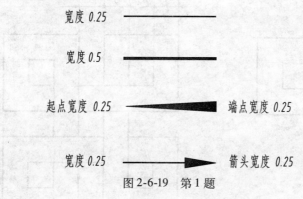

图 2-6-19 第 1 题

2. 绘制图 2-6-20 所示图形（注意运用偏移）。

图 2-6-20　第 2 题

3. 绘制图 2-6-21 所示图形（注意运用偏移）。

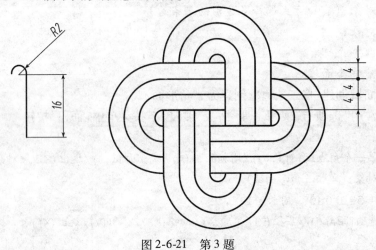

图 2-6-21　第 3 题

4. 绘制图 2-6-22 所示图形（注意运用偏移）。

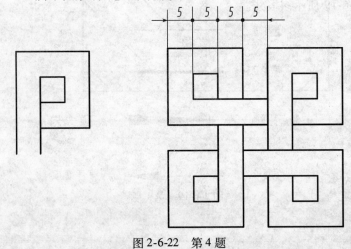

图 2-6-22　第 4 题

5. 绘制图 2-6-23 所示图形(注意运用偏移)。

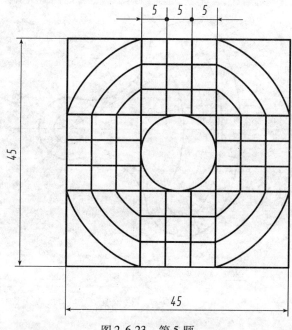

图 2-6-23　第 5 题

6. 绘制图 2-6-24 所示图形(注意运用偏移)。

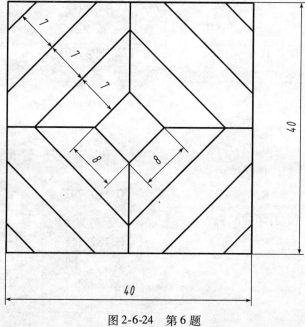

图 2-6-24　第 6 题

7. 绘制图 2-6-25 所示图形(注意运用偏移)。

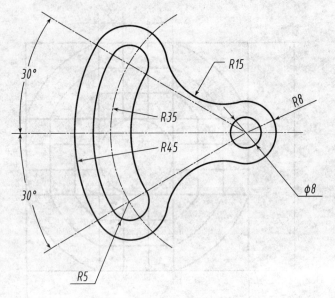

图 2-6-25　第 7 题

8. 画出图 2-6-26 所示图形并选择正确答案。

(1)由内而外第一个正三角形面积为(　　　)

A. 697.990　　　　　　B. 697.099　　　　　　C. 697.088　　　　　　D. 697.880

(2)由内而外第二个正三角形面积为(　　　)

A. 1894.671　　　　　B. 1894.167　　　　　C. 1894.761　　　　　D. 1894.716

(3)由内而外第三个正三角形面积为(　　　)

A. 4398.267　　　　　B. 4398.726　　　　　C. 4398.276　　　　　D. 4398.762

(4)由内而外第一个内切圆的周长为(　　　)

A. 72.775　　　　　　B. 72.757　　　　　　C. 72.557　　　　　　D. 72.575

(5)由内而外第二个内切圆的周长为(　　　)

A. 119.779　　　　　B. 119.997　　　　　C. 119.797　　　　　D. 119.979

(6)由内而外第三个内切圆的周长为(　　　)

A. 182.181　　　　　B. 182.811　　　　　C. 182.118　　　　　D. 182.881

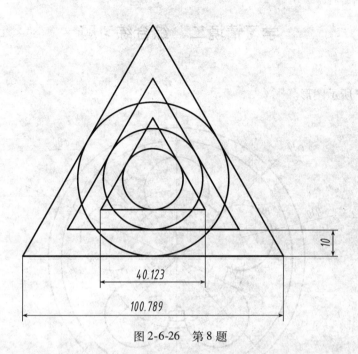

图 2-6-26 第 8 题

9. 打开文件夹：素材\任务六 操场跑道的绘制\9 题，查询图 2-6-27 中阴影部分的面积。

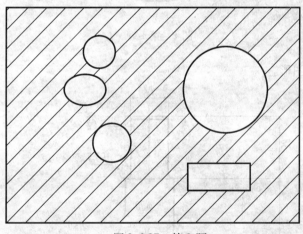

图 2-6-27 第 9 题

学习情境二 综合练习题

1. 绘制图 1 所示图形。

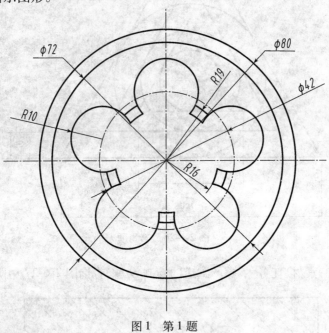

图1 第1题

2. 绘制图 2 所示图形。

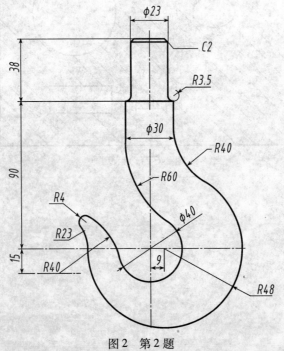

图2 第2题

3. 绘制图 3 所示图形。

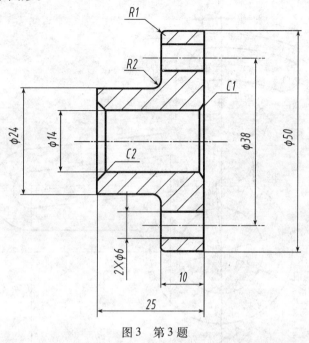

图 3　第 3 题

4. 绘制图 4 所示图形。

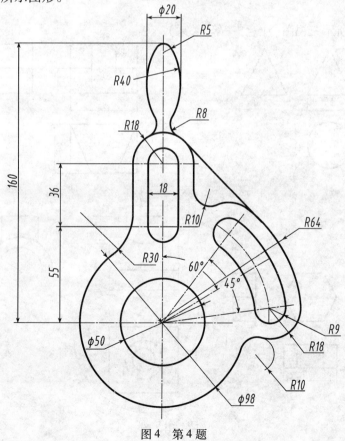

图 4　第 4 题

5. 绘制图 5 所示图形。

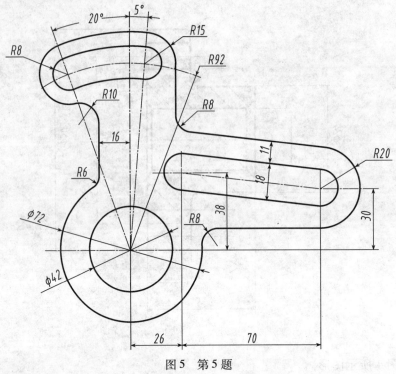

图 5　第 5 题

6. 绘制图 6 所示三视图（注意"三等"关系）。

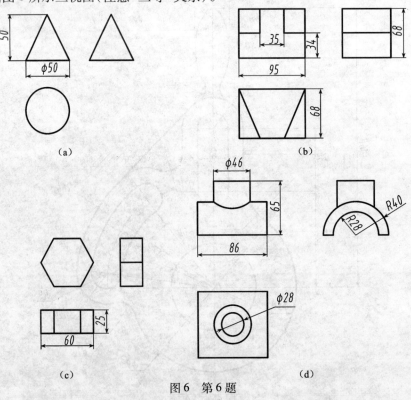

图 6　第 6 题

学习情境三　机械图样的绘制

　　丁丁在完成学习情境二的二维图形绘制与编辑后,能熟练掌握二维图形的绘制,可是在学校里机械制图老师说过机械图样需要用不同线型表达图形,图样上还有尺寸、标题栏、技术要求等很多内容,如图 3-0 所示,这些内容怎样用 AutoCAD 表达出来呢?

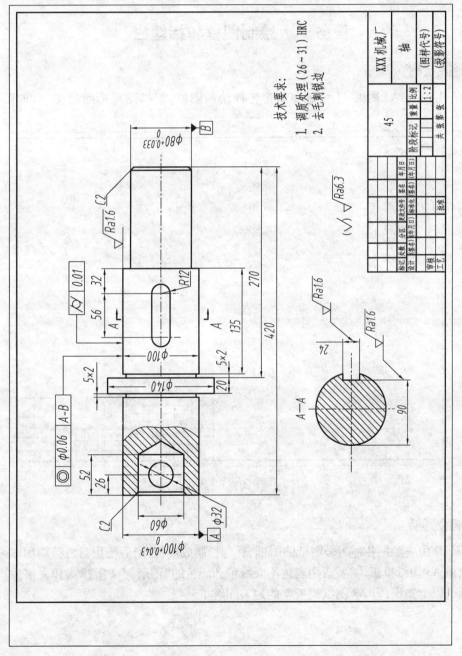

图3-0　二维机械图样

本情境学习任务

任务一 绘制图框和标题栏；
任务二 绘制图形；
任务三 尺寸标注；
任务四 技术要求；
任务五 绘制千斤顶装配图；
任务六 绘制轴测图。

任务一 绘制图框和标题栏

任务介绍

图 3-0 是一张 A3 图纸，丁丁想要知道怎样绘制图框，怎样注写标题栏文字，如图 3-1-1 所示。

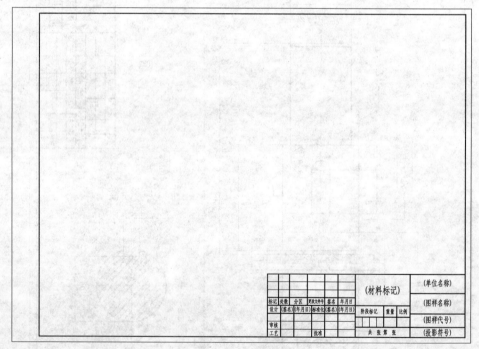

图 3-1-1 图框和标题栏

任务解析

AutoCAD 中一般把各种图号图纸的图框、标题栏制成模板，以后使用时直接调用即可。要绘制以上横 A3 图纸模板，需要运用表达不同线型和颜色的"图层"，文字样式和文字注写等知识。掌握了以上知识，横 A3 图纸模板就能迎刃而解了。

相关知识

一、图层

在绘制工程图时,图形中主要包括中心线、轮廓线、虚线、剖面线、尺寸标注、文字说明等要素。AutoCAD 用图层来管理它们,使图形的各种信息清晰、有序、便于查看,而且也给图形的编辑、修改带来很大的方便。

图层相当于没有厚度的透明纸,可将图形画在上面,一副图样上所有图层就像几张重叠在一起的透明纸,构成一张完整的图样,如图 3-1-2 所示。

一个图层可以设置一种线型和赋予一种颜色,所以要画多种线型就要设多个图层。图层分为当前层和非当前层,画哪一种线,就把哪一种图层设为当前图层。当前图层只有一个,如果想在哪一个图层上进行操作,必须将其设置为当前图层。

与图层操作相关的命令都处于"格式"→"图层"菜单或"常用"选项卡"图层"面板中,如图 3-1-3 所示。

图层需要创建,创建过程主要包括新建图层、设置图层颜色、线型以及线宽等内容。具体方法如下:

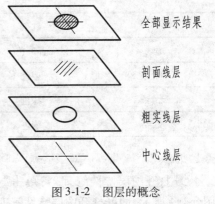

图 3-1-2 图层的概念

(a) 菜单

(b) 面板

图 3-1-3 "图层"命令

【例1】 创建工程图中常用的图层(表3-1-1)。

表 3-1-1 图层创建

图层的名称	颜色	线型	线宽
0 层	白色	实线 Continuous	默认
粗实线	白色	实线 Continuous	0.5mm
细实线	白色	实线 Continuous	0.3mm
中心线	红色	点画线 Center	0.3mm
虚线	品红色	虚线 hidden×2	0.3mm
剖面线	蓝色	实线 Continuous	0.3mm
尺寸线	绿色	实线 Continuous	0.3mm
文字	绿色	实线 Continuous	0.3mm

步骤:

① 打开图层特性管理器:单击"常用"选项卡"图层"面板中的"图层特性"按钮，如图3-1-4所示,即可打开图层特性管理器,如图3-1-5所示。

图 3-1-4 单击"图层特性"按钮

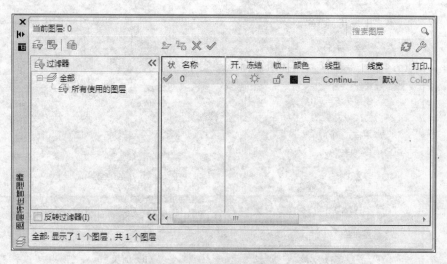

图 3-1-5 图层特性管理器

② 创建新图层：单击"新建图层"按钮 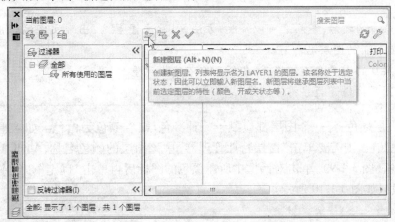，如图3-1-6所示。

图3-1-6　单击"新建图层"按钮

此时在0层下方新创建了一个"图层1"，如图3-1-7所示，我们可以对图层命名，如"粗实线"、"细实线"、"点画线"等。重复以上操作我们可以创建所需图层，如图3-1-8所示。

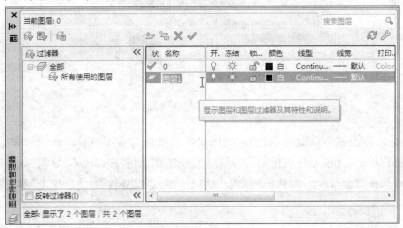

图3-1-7　图层1

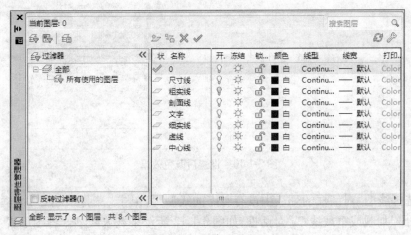

图3-1-8　创建所需图层

温馨提示：

① 图层命名之后，图层名可以修改，方法是：单击图层名，出现文字编辑框，在文字编辑框中输入新的图层名即可。

② 图层 0 的图层名不能修改；各图层名不能出现重名。

③ 各图层按拼音顺序排序。

③ 设置图层颜色：每一个图层都应赋予一种颜色，缺省颜色为白色。如果想要设置图层的颜色为其他颜色，则需要单击"图层特性管理器"中该图层的颜色名称，AutoCAD 将弹出"选择颜色"对话框（图 3-1-9），单击对话框中所需颜色的图标后再单击"确定"按钮即可。各图层颜色设置后效果如图 3-1-10 所示。

图 3-1-9　"选择颜色"对话框

④ 设置图层线型：缺省情况下，新创建的图层的线型均为实线（Continuous），如果想要改变某图层的线型，可以单击"图层特性管理器"对话框中该层的线型名称，AutoCAD 将弹出"选择线型"对话框（图 3-1-11），在"选择线型"对话框的列表中单击所需的线型名称，然后单击"确定"按钮即可。

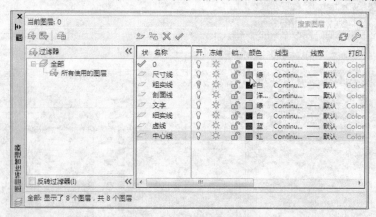

图 3-1-10　设置后颜色效果

如果"选择线型"对话框的列表中没有所需的线型，可单击"选择线型"对话框下方的"加载"按钮，弹出"加载或重载线型"对话框，如图 3-1-12 所示来载入线型。各图层线型设置后效果图层特性管理器显示如图 3-1-13 所示。

图 3-1-11 "选择线型"对话框

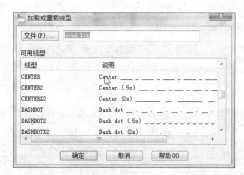

图 3-1-12 "加载或重载线型"对话框

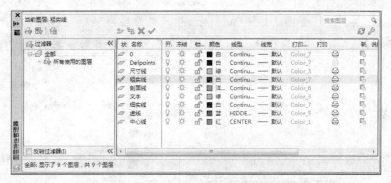

图 3-1-13 线型设置后的效果

温馨提示：中心线和虚线的线型需要加载。

⑤ 设置图层线宽：缺省情况下，新建图层的线宽均为"默认"，实际工程图中，为了显示图形及图纸打印的美观，粗线设为 0.5，细线设为 0.3。

方法是：单击"图层特性管理器"对话框中该层的线宽值，AutoCAD 将弹出"线宽"对话框如图 3-1-14 所示，在"线宽"列表框中单击所需的线宽，然后单击"确定"按钮即可接受线宽设置并返回"图层特性管理器"对话框。

线宽设置完毕后图层创建也就完毕，如图 3-1-15 所示，关闭"图层特性管理器"即可。

图 3-1-14 "线宽"对话框

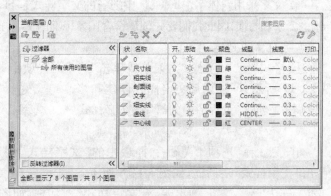

图 3-1-15 图层创建完毕

温馨提示：

① 图层创建完成后，打开状态栏中的线宽按钮 ▉▉▎ ，绘图区中图线的线宽才能按要求显示。

② 绘图区背景色为白色，则设置图层颜色为白色时图线显示黑色；反之，绘图区背景色为黑色，则设置图层颜色为白色时图线显示白色。

③ 若需要删除不使用的图层，可以在"图层特性管理器"对话框中，选中该图层，然后单击该对话框上部的"删除"按钮✕，AutoCAD 将删除所选图层。但系统不允许删除 0 层、当前层以及已使用的图层。

④ 当前层的设置方法：（例如将尺寸线层设置为当前层）单击"常用"选项卡"图层"面板中图层列表按钮▼，如图 3-1-16（a）所示，此时当前层为"粗实线"层，展开图层列表如图 3-1-16（b）所示，单击"尺寸线"层即可将"尺寸线"层设置为当前层。

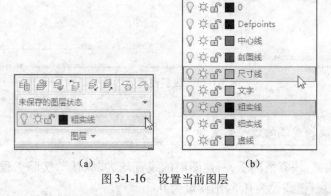

（a）　　　　　　　　　　（b）

图 3-1-16　设置当前图层

二、文字注写

机械图样中的文字主要有汉字和数字、英文字母等，根据我国的国家标准，汉字采用长仿宋字，而数字和英文多采用斜体字，AutoCAD 中缺省的文字样式是 Standard，这种文字标注样式不符合国家标准的要求和习惯，因此我们要先创建符合国家标准的文字样式，然后再进行文字注写。

1. 文字样式的创建

通过"格式"→"文字样式"菜单或单击"注释"选项卡"文字"面板中"文字样式"按钮，如图 3-1-17 所示，可以执行文字样式创建和修改。

【例2】　创建"工程图中的汉字"文字样式。

步骤：

① 单击"注释"选项卡"文字"面板中的"文字样式"创建和修改按钮，如图 3-1-17（b）所示，弹出"文字样式"对话框，如图 3-1-18 所示。

② 单击"新建"按钮，弹出"新建文字样式"对话框，如图 3-1-19 所示，在"样式名"文本框内输入"工程图中的汉字"，单击"确定"按钮，返回"文字样式"对话框。

（a）菜单

（b）面板

图 3-1-17 文字样式创建和修改命令

图 3-1-18 "文字样式"对话框

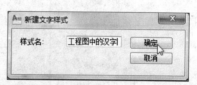

图 3-1-19 "新建文字样式"对话框

③ 在"字体名"下拉列表中包含了当前所有可用字体,选择"T 仿宋"作为"工程图中的汉字"文字式样的字体(注意:不要选择"T@ 仿宋"字体,否则输入的汉字将向左倾斜)。将"宽度因子"改为 0.8,单击"应用"按钮,则"工程图中的汉字"文字式样就创建完成,如图 3-1-20 所示。

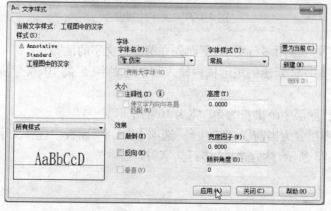

图 3-1-20 创建完成

2. 文字注写

AutoCAD 中的文字标注样式有单行文字和多行文字两种类型。

单行文字：每行文字都是独立的对象，可对其中一行或多行进行重定位、调整格式或进行其他修改（注：虽然名称为单行文字，但是在创建过程中仍然可以用【Enter】键来换行，实现很多行文字的输入）。

多行文字：由任意数目的文字行和段落组成，布满指定的宽度，还可以沿垂直方向无限延伸。与单行文字不同的是，无论行数是多少，一个编辑任务中创建的所有段落是一个对象，用户可对其整体进行移动、旋转、删除、复制、镜像等编辑，并且编辑选项比单行文字多。

通过"绘图"→"文字"菜单或单击"注释"选项卡"文字"面板中"多行文字"按钮，如图 3-1-21 所示，可以执行文字注写。

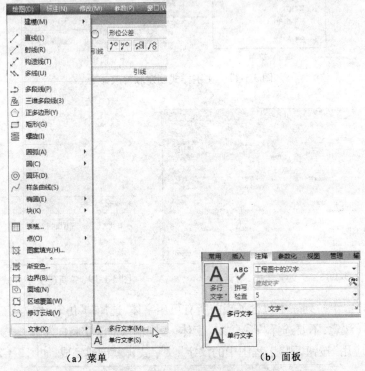

（a）菜单　　　　　　　　　　（b）面板

图 3-1-21　文字注写命令

标题栏的文字注写多用多行文字，下面先介绍多行文字的注写。

【例3】　在图 3-1-22 所示的矩形框内输入其中的文字（字高 10；文字在矩形的正中央）。

步骤：

① 在"细实线"图层中画出长为 50，宽为 16 的矩形。

② 将"文字"图层置为当前层，在"注释"选项卡"文字"面板中选择文字样式为"工程图中的汉字"，如图 3-1-23 所示，然后选择"多行文字"按钮A。

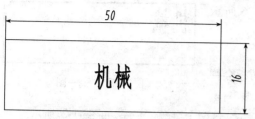

图 3-1-22　例 3 图

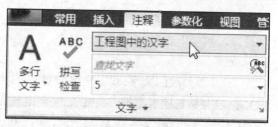

图 3-1-23　选择"工程图中的汉字"文字样式

命令提示：

指定第一角点：(单击矩形框的左上角点)

指定对角点或 [高度 (H)/对正 (J)/行距 (L)/旋转 (R)/样式 (S)/宽度 (W)/栏 (C)]：(H↙)

指定高度 <0.2000 >：(10↙)

指定对角点或 [高度 (H)/对正 (J)/行距 (L)/旋转 (R)/样式 (S)/宽度 (W)/栏 (C)]：(J↙)

输入对正方式 [左上 (TL)/中上 (TC)/右上 (TR)/左中 (ML)/正中 (MC)/右中 (MR)/左下 (BL)/中下 (BC)/右下 (BR)] <左上 (TL) >：(MC↙)

指定对角点或 [高度 (H)/对正 (J)/行距 (L)/旋转 (R)/样式 (S)/宽度 (W)/栏 (C)]：(单击矩形框的右下角点)

出现图 3-1-24 文本输入框,在其中输入"机械",然后单击"确定"即可。

图 3-1-24　文本输入框

温馨提示：

　　文字注写时,对于文字样式、高度、对正方式等可以在输入文字时先设置,后输入文字,如上例。但是如果设置有误或直接利用缺省设置输入后也可对已经输入的文字进行编辑。输入文字或双击已经输入的文字时,工具面板会弹出"文字编辑器"选项卡,如图 3-1-25 所示,该选项卡有"样式""格式""段落""插入""拼写检查""工具""选项""关闭"八个面板,可以对输入的文字进行编辑。

图 3-1-25　文字编辑器

【例4】 将【例3】中的文字进行编辑如图 3-1-26 所示（字高为 5，对正方式为"左上"方式）。

图 3-1-26　例 4 图

步骤：

① 选中要修改的文字：双击文字"机械"，工具面板会弹出"文字编辑器"选项卡，同时"机械"二字会出现文字编辑框，文字编辑框上方出现"文字格式"对话框，选中"机械"二字，这两个字颜色变深，如图3-1-27所示。

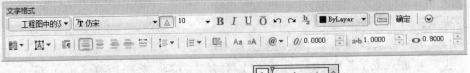

图 3-1-27　选择"机械"二字

② 修改字号：在"样式"面板"功能组合框"中将文字高度修改为 5（注意在框格中输入 5 后必须按【Enter】键确定）（图 3-1-28），或在文字格式对话框中将文字高度修改为 5（图 3-1-29）。

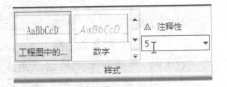

图 3-1-28　修改文字高度（一）

③ 修改对齐方式：在"段落"面板中单击"对正"按钮（图 3-1-30），在弹出的下拉菜单中选择"左上"对正方式即可。

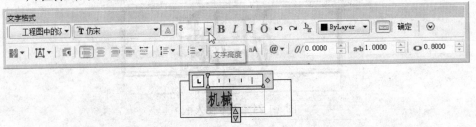

图 3-1-29　修改文字高度（二）

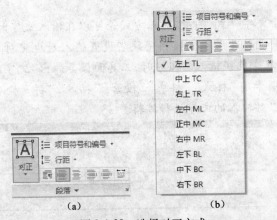

（a）　　　　　　　（b）

图 3-1-30　选择对正方式

126

⚙️ **任务实施**

学习了以上知识,丁丁很快自己完成了横 A3 图纸模板的绘制,具体操作如下:

【**例 5**】　绘制 A3 模板,如图 3-1-1 所示。

其中:图纸、图框及标题栏尺寸如图 3-1-31 所示,并保存为样板文件(后缀为:dwt),文件名为:横 A3 模板,文字样式为"工程图中的汉字",字号为 3.5 号字。

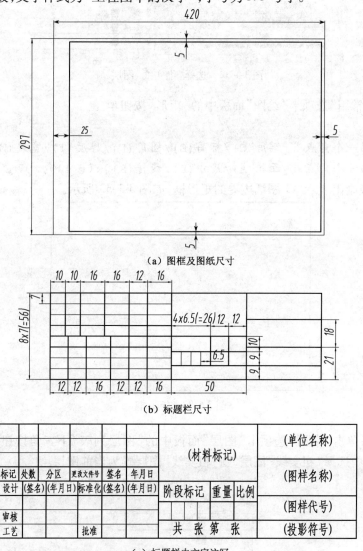

（a）图框及图纸尺寸

（b）标题栏尺寸

					(材料标记)		(单位名称)
标记	处数	分区	更改文件号	签名	年月日		(图样名称)
设计	(签名)	(年月日)	标准化	(签名)	(年月日)	阶段标记 重量 比例	
审核							(图样代号)
工艺			批准			共 张 第 张	(投影符号)

（c）标题栏内文字注写

图 3-1-31　图纸、图框及标题栏的尺寸和文字

步骤:

① 按要求创建机械图样中常用的 7 个图层(如【例 1】)。

② 画 A3 图纸边界。

单击"常用"选项卡中"图层"面板中的"图层列表"下三角按钮,在下拉列表中选择"细实线"图层,则"细实线"图层置为当前图层,如图 3-1-32 所示。

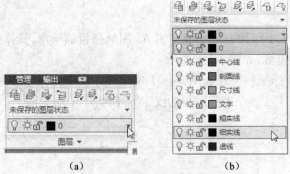

（a）　　　　　　　　　　　（b）

图 3-1-32　选择"细实线"图层

然后单击"常用"选项卡"绘图"面板中的"矩形"按钮□。

命令提示：

指定第一个角点或[倒角(C)/标高(E)/圆角(F)/厚度(T)/宽度(W)]:(0,0✓)

指定另一个角点或[面积(A)/尺寸(D)/旋转(R)]:(@ 420,297✓)

则用细实线画出表示 A3 图纸边界的矩形框，如图 3-1-33 所示。

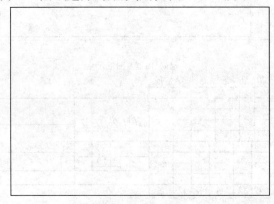

图 3-1-33　矩形框

③ 画图框：单击"常用"选项卡"图层"面板中的"图层列表"下三角按钮，如图 3-1-34 所示，在下拉列表中选择"粗实线"图层，则"粗实线"图层置为当前图层。

图 3-1-34　"粗实线"图层置为当前图层

然后单击"常用"选项卡"绘图"面板中的"矩形"按钮。

命令提示：

　　指定第一个角点或[倒角(C)/标高(E)/圆角(F)/厚度(T)/宽度(W)]:（右击,在右键快捷菜单中选择"捕捉替代"→"自"选项,如图3-1-35所示）

　　_from基点:（单击0,0点）

　　<偏移>:（@25,5✓）

　　指定另一个角点或[面积(A)/尺寸(D)/旋转(R)]:（@390,287✓）

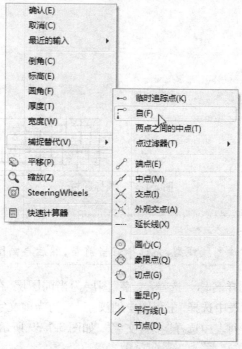

图3-1-35　选择"自"选项

则用粗实线画出图框线,如图3-1-36所示。

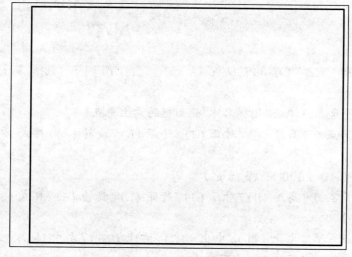

图3-1-36　画出图框线

④ 画标题栏:用同样方法在图纸右下角绘制出标题栏(按标题栏尺寸绘制),如图3-1-37所示。

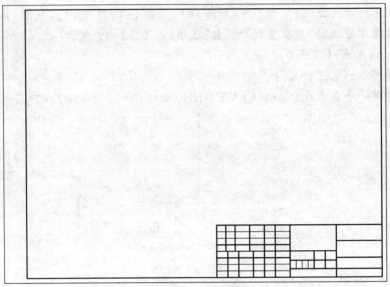

图3-1-37　画标题栏

温馨提示:

　　在绘制图线前先看清图线线型,先选择好当前层,然后再画图线。

⑤ 注写文字:注写"图样名称":选择"文字"图层为当前图层,在"注释"选项卡"文字"面板中的"文字样式"下拉列表中选择"工程图中的汉字"作为当前文字标注样式,如图3-1-38所示。再在"多行文字"下拉列表中选择"多行文字",如图3-1-39所示。

图3-1-38　选择"工程图中的汉字"

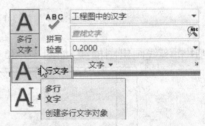

图3-1-39　选择"多行文字"

命令提示:

　　指定第一角点:(单击"图样名称"矩形框的左上角点)

　　指定对角点或[高度(H)/对正(J)/行距(L)/旋转(R)/样式(S)/宽度(W)/栏(C)]:(H✓)

　　指定高度<0.2000>:(3.5✓)

　　指定对角点或[高度(H)/对正(J)/行距(L)/旋转(R)/样式(S)/宽度(W)/栏(C)]:(J✓)

　　输入对正方式[左上(TL)/中上(TC)/右上(TR)/左中(ML)/正中(MC)/右中(MR)/左下(BL)/中下(BC)/右下(BR)]

<左上(TL)>:(MC↙)

指定对角点或[高度(H)/对正(J)/行距(L)/旋转(R)/样式(S)/宽度(W)/栏(C)]:(单击图形名称矩形框的右下角点)

出现文本输入框,在其中输入"图样名称",然后单击"确定"按钮即可,如图3-1-40所示。

图3-1-40　输入"图样名称"

同样方法可以输入其他文字即可完成标题栏的文字注写,如图3-1-41所示。

标记	处数	分区	更改文件号	签名	年月日	(材料标记)			(单位名称)
设计	(签名)	(年月日)	标准化	(签名)	(年月日)	阶段标记	重量	比例	(图样名称)
审核									(图样代号)
工艺			批准			共　张第　张			(投影符号)

图3-1-41　输入其他文字

⑥ 保存文件:注意保存位置、文件名和文件类型,特别是文件类型选择为:AutoCAD 图形样板(*dwt)。这种文件类型以后就可以直接调用,不需要每次重复画图框、填写标题栏,如图3-1-42所示。AutoCAD 图形样板(*dwt)的调用方法和打开图形文件(*dwg)方法一致,调用后文件自动转换成文件类型选择(*dwg),而原来的模板文件不发生变化。

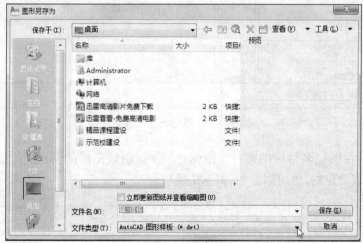

图3-1-42　"图形另存为"对话框

任务小结

通过绘制横 A3 图纸模板,我们主要学习了以下知识:

① 图层的创建及使用。

特别注意:在绘图过程中,先选定图层,再绘制绘图或标注,初学者容易忘记先选图层。

② 文字样式的创建及文字的注写。

③ 学会样板文件的保存。

拓展提高

一、图层的冻结、打开和解锁

图层设置完成以后,在图层特性管理器中,可以对其打开(关闭);解冻(冻结);解锁(加锁)状态进行设置,如图 3-1-43 所示。

打开与关闭:在图层名称后的第一个图标用来控制该图层的打开与关闭。灯泡为黄色,表示图层打开,该层上的实体全都显现;若单击灯泡则变成灰色,该图层被关闭,该层上的实体将被隐藏。

解冻与冻结:在图层名称后的第一个图标用来控制该图层的解冻与冻结。图标为太阳,表示该图层没有被冻结,该层上的实体全都显现;若单击图标则变成雪花,表示该图层被冻结,该层上的实体将被隐藏(关闭与冻结的区别仅在于执行速度上后者比前者快)。

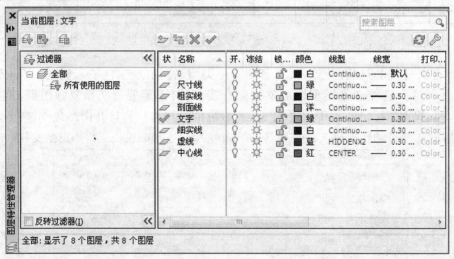

图 3-1-43　图层状态设置

解锁与加锁:在图层名称后的第一个图标用来控制该图层的解锁与加锁。加锁图层上的实体是可以看见的,也可以绘图,但无法编辑。

温馨提示:通常情况下,图层均为"打开""解冻""解锁"状态。

二、文字注写类型：单行文字

前面介绍了文字注写类型有单行文字和多行文字两种，下面介绍单行文字的注写方法。

【例6】　注写如图3-1-44所示单行文字，文字格式为"工程图中的汉字"，文字高度为5。

步骤：

① 选择"文字"图层为当前图层。

② 在"注释"选项卡中"文字"面板中的"文字样式"下拉列表中选择"工程图中的汉字"作为当前文字标注样式。再在"多行文字"中选择"单行文字"，如图3-1-45所示。

技术要求

1. 未标注圆角为R2~R4

2. 不加工的表面腻平喷漆

3. 铸件不得有砂眼、裂纹

图3-1-44　例6图

图3-1-45　选择"单行文字"

命令提示：

指定文字的起点或[对正(J)/样式(S)]：（单击注写文字处）

指定高度<12.0000>：(5↙)

指定文字的旋转角度<0>：(↙)

出现文本输入框，输入图3-1-44所示文字（每输入一行文字，均需按【Enter】键）。完成单行文字的输入。

> **温馨提示：**
>
> 机械图样中常有一些特殊字符在键盘上找不到。AutoCAD提供了一些特殊字符的注写方法。常用的有：
>
> ① 注写"φ"直径符号需输入"%%C"；
>
> ② 注写"°"角度符号需输入"%%D"；
>
> ③ 注写"±"上下偏差符号需输入"%%P"。

练习题

1. 创建"工程图中的数字"文字样式（字体gbeitc.shx，字宽比例1，其他参数与工程图中的汉字相同）。

2. 按对正要求和字高注写图3-1-46所示文字。

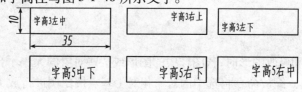

图3-1-46　第2题

3. 绘制图 3-1-47（字高为 3，左列字体格式为"工程图中的汉字"，右列字体格式为"工程图中的数字"）。

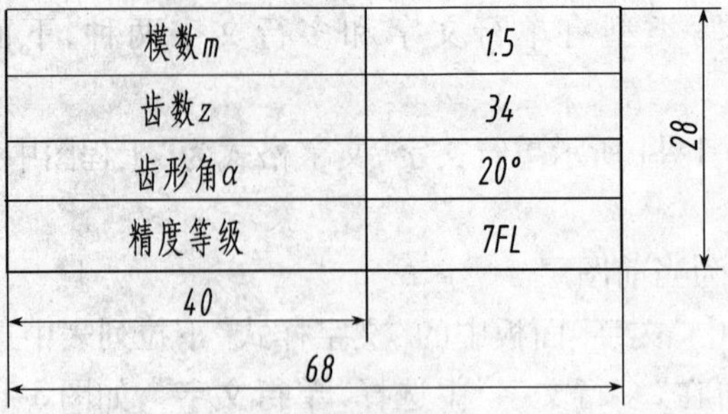

模数 m	1.5
齿数 z	34
齿形角 α	20°
精度等级	7FL

图 3-1-47　第 3 题

4. 创建如下模板文件以备调用，按装订格式要求画出图框线及标题栏并注写标题栏（横 A0 模板；竖 A0 模板；横 A1 模板；竖 A1 模板；横 A2 模板；竖 A2 模板；横 A2 模板；竖 A3 模板；横 A4 模板；竖 A4 模板。图纸尺寸：A0 为 1189×841；A1 为 841×594；A2 为 594×420；A3 为 420×297；A4 为 297×210）。

5. 输入图 3-1-48 所示文字符号。

$$\phi 30 \pm 1.5 \qquad 60° \qquad 90\%$$

$$37℃ \qquad \phi 500_{0}^{+0.039} \qquad \phi 60 \frac{H7}{f6}$$

图 3-1-48　第 5 题

任务二　绘制图形

任务介绍

保存好 A3 模板文件，丁丁很快将其调出，图框和标题栏均呈现在屏幕上，下一步他需要做的事就是将图纸 3-0 中的图形绘出。

任务解析

由于在学习情境二中对"二维图形的绘制与编辑"进行了详细扎实的学习，丁丁对绘制轴的几个图形充满信心，他目前需要解决的难题有二：一是该图的绘图比例是 1∶2，这个问题怎样处理？二是计算机绘图与手工绘图时有哪些技巧上的区别？其中的难题一将用图形"缩放"命令解决。难题二是本任务将要介绍的内容，以便正确、快捷的绘制出各图。

相关知识

一、图形缩放

AutoCAD 中绘制和修改图形时，若图样中的图形或某些对象的大小不合适，可用缩放命令来编辑，而不必重新画出。缩放命令将选中的对象相对于基点按比例进行放大或缩小，可用给定比值方式，也可用参照方式。所给比例值大于 1，放大对象；所给比例值小于 1，缩小对象。

通过"修改"→"缩放"菜单或单击"常用"选项卡"修改"面板中的"缩放"按钮🔲等,如图3-2-1所示,可以执行缩放命令。

（a）菜单　　　　（b）面板

图3-2-1　"缩放"命令

【例1】　将图3-2-2(a)中的矩形放大2倍,如图3-2-2(b)所示。

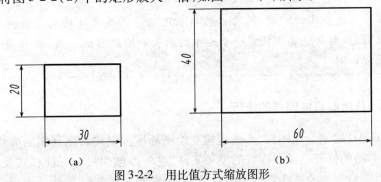

图3-2-2　用比值方式缩放图形

步骤:

① 按尺寸绘制图3-2-2(a)所示矩形。

② 单击"常用"选项卡"修改"面板中的"缩放"按钮🔲。

命令提示:

　　选择对象:(单击矩形)

　　选择对象:(↵)

　　指定基点:(此题基点的选择无关紧要,单击矩形上任意一点)

　　指定比例因子或[复制(C)/参照(R)]<1.3333>:(2↵)

即可完成矩形的2倍放大。

【例2】 将图 3-2-3(a) 的矩形参照底边的长度进行缩放,如图 3-2-3(b) 所示。

图 3-2-3　用参照方式缩放图形

步骤:

① 按尺寸绘制图 3-2-3(a) 所示矩形。

② 单击"常用"选项卡"修改"面板中的"缩放"按钮 🔲。

命令提示:

选择对象:(单击矩形)

选择对象:(↙)

指定基点:(可以单击矩形左下角点)

指定比例因子或[复制(C)/参照(R)]<2.0000>:(R↙)

指定参照长度<30.0000>:(单击底边左端点)

指定第二点:(单击底边左右端点)

指定新的长度或[点(P)]<40.0000>:(40↙)

即可完成参照方式缩放图形。

> **温馨提示:**
>
> 用参照方式进行比例缩放,所给出的新长度与原长度之比即为缩放的比例值。缩放一组对象时,只要知道其中任意一个尺寸的原长和缩放后的长度,就可用参照方式而不必计算缩放比例。

二、AutoCAD 绘制机械图样的技巧

① 用 AutoCAD 绘制专业图时,首先应建立绘图环境。创建绘图环境的方法有两种:一是上一个任务中介绍的打开已经保存好的模板文件,进一步创建尺寸标注样式及常用的图形符号块;二是在以前绘制过的一些零件图中,打开一个绘图环境与之类似的图形,经过修改另存为一个新文件,从而迅速建立绘图环境。

② 用 AutoCAD 绘制机械图样的过程与绘图不完全相同。例如,手工绘图必须首先解决布局问题,图形位置一旦确定就不易修改;计算机绘图则不然,它允许最后进行调整。用计算机绘图绘制一幅图的方法很多,只有采用快捷的方法,才能提高绘图速度。

③ 绘制零件图时,如果比例不是 1:1,则可事先按 1:1 进行绘制。例如,绘图比例要求为 1:10,按 1:1 绘制时图形很大,可以先在图框外边绘制,最后再经过缩放后平移到图框内进行布局调整。或先将图框放大 10 倍,然后在图框内按 1:1 绘制图形,绘制完成后,再按比例要求将图框和图形一起缩放 0.1,最后进行尺寸标注。标注尺寸时,要将标注样式中的"测量单位比例"设成 10(这个内容在下一个任务中介绍)。

④ 如果要在一张图中绘制几个不同比例的图形,最好的办法是保持图框比例不变,按照 1:1的比例绘制各图形,然后再按比例要求缩放。在标注尺寸时,要建立不同"测量单位比例"的方法来标注另一比例的图形,否则前面标注的图形尺寸将被更改。

任务实施

掌握了以上知识,丁丁试着绘制图 3-0 上的几个图形,具体操作如下:

【例3】 在 A3 图纸中绘制图 3-0,先按 1:1 绘制,再按 1:2 缩放。

步骤:

① 打开模板文件"横 A3. dwt",AutoCAD 即打开文件名为"drawing1. dwg"的以"横 A3. dwt"为模板的文件,单击快速访问菜单上的"保存"按钮█,弹出"图形另存为"对话框 (图 3-2-4),选择文件保存的位置,并修改文件名为"轴. dwg",单击"保存"按钮即可新建以 "横 A3. dwt"为模板的文件名为"轴"的文件,如图 3-2-5 所示。

② 选择好适当的图层,在图框线外部按 1:1 的比例绘制中心线和基准线等,如图 3-2-6所示。

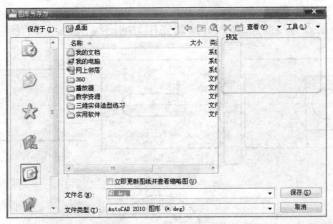

图 3-2-4 修改文件名为"轴. dwg"

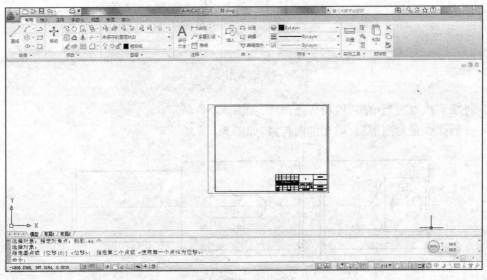

图 3-2-5 新建文件

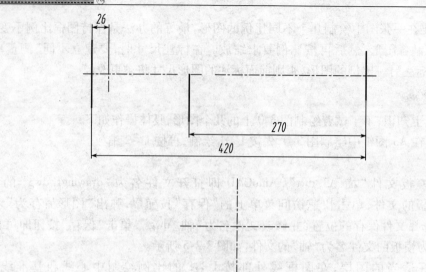

图 3-2-6　绘制中心线和基准线

③ 将粗实线图层置为当前层,按尺寸绘制完相关的图线,如图 3-2-7 所示。

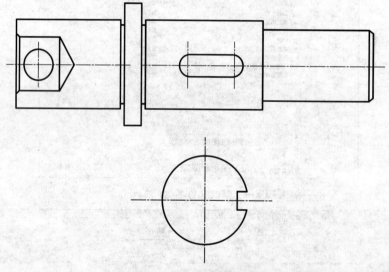

图 3-2-7　绘制图线(一)

④ 将细实线置为当前层,绘制样条曲线,如图 3-2-8 所示。

⑤ 将剖面线置为当前层,填充剖面符号,如图 3-2-9 所示。

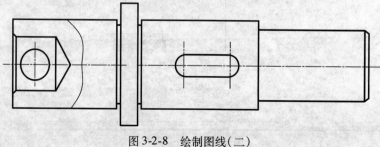

图 3-2-8　绘制图线(二)

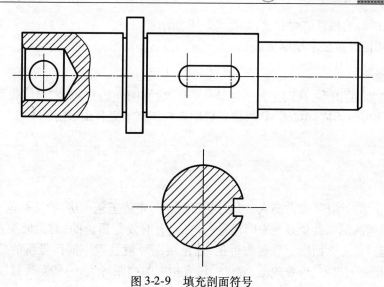

图 3-2-9　填充剖面符号

温馨提示：
　　同一张图样上不同部位最好不同时填充剖面符号,以免其中某个部位剖面符号需要编辑时会对其他部位产生影响。

⑥ 选中图 3-2-9,将整个图形按 1∶2 比例缩放。

⑦ 将缩放后的图形移至 A3 图框线内(注意布局美观,留出尺寸标注和技术要求的空间),如图 3-2-10 所示。

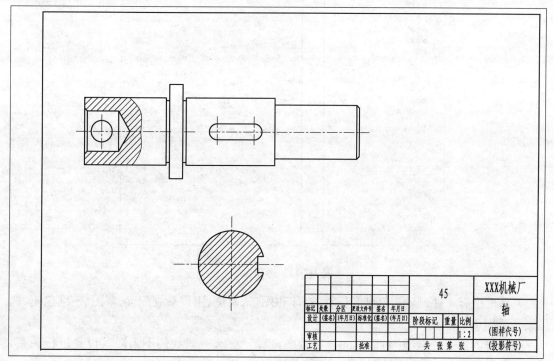

图 3-2-10　轴的视图

⑧ 将标题栏内的栏目填写完整,如图 3-2-10 所示。

这样轴的视图就按要求绘制完成。

任务小结

通过绘制"轴"的图形,我们主要了解 AutoCAD 绘制图样的技巧,它与传统手工绘制机械图样的习惯有很大的不同,AutoCAD 绘图在后期布局调整上更自由、灵活。

拓展提高

"选项"对话框

丁丁绘制完轴的图形,非常高兴,想去找爸爸报喜,走进爸爸书房,看见爸爸正在电脑上看图纸,他发现爸爸的图纸背景底色有时候是白色的,有时候是黑色的,对象捕捉点的颜色也不一样,他问爸爸这是怎么回事? 爸爸告诉他,这是绘图环境设置不同而显示的效果,AutoCAD 中用户可以根据个人喜好、行业规范、要求等设置相应的绘图环境,一般是通过"选项"对话框来进行设置。

通过"工具"→"选项"菜单或单击"菜单浏览器" 📖 的下拉菜单中的 选项 按钮(图 3-2-11),打开"选项"对话框,如图 3-2-12 所示。

(a) 菜单　　　　　　　(b) 菜单浏览器

图 3-2-11　选项命令

对话框中有文件、显示、打开和保存、打印和发布、系统、用户系统配置、草图、三维建模、选择集、配置 10 个选项卡。

爸爸告诉丁丁,"选项"对话框的内容较多,也挺复杂,一般我们不需对其设置进行调整,采用缺省设置即可,现阶段我教你下面的简单操作。

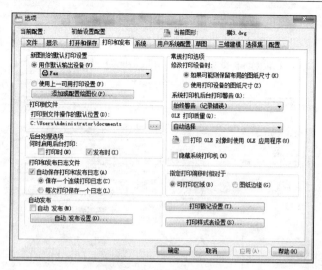

图 3-2-12 "选项"对话框

【例4】 将 AutoCAD 的绘图环境进行如下调整：

① "背景底色"调整为黑色。

② "十字光标"大小调整为 10% 。

③ 自动保存文件的间隔分钟数调整为 5min；"文件打开"和"应用程序菜单"显示"最近使用的文件数"调整为 5。

④ "自动捕捉标记"颜色由"绿色"调整为"红色"。

步骤：

① 将"背景底色"调整为黑色。

选择图 3-2-13 所示"选项"对话框中"显示"选项卡，在"窗口元素"选项组中单击"颜色"按钮。

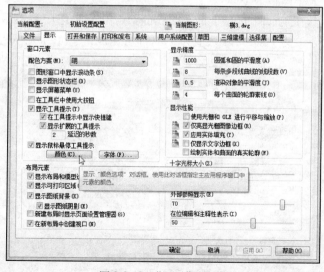

图 3-2-13 "显示"选项卡

在弹出的"图形窗口颜色"对话框如图 3-2-14 所示，通过"上下文"列表框选择要设置颜色的选项为"二维模型空间"，通过"界面元素"列表框选择要设置颜色的对应元素为"统一背景"，通过"颜色"下拉列表框选择要设置颜色的选项为"黑"，然后单击"应用并关闭"按钮即可。

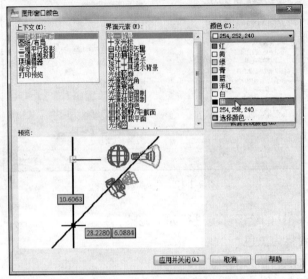

图 3-2-14　"图形窗口颜色"对话框

温馨提示：

当底色为黑色时，图层中颜色定义为"白色"的线条显示的是白色，当底色调整为白色，则图层中颜色定义为"白色"的线条自动显示为黑色，无需再到图层中进行颜色调整。

② "十字光标"大小调整为 10%。

如图 3-2-15 所示，在"显示"选项卡的"十字光标大小"选项组中左边用于控制十字光标的尺寸 5 改为 10（即 5% 改为 10%），默认值为 5%，即可完成十字光标大小的调整。

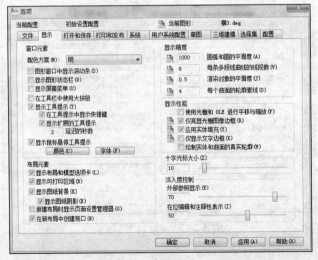

图 3-2-15　完成十字光标的调整

③ 自动保存文件的间隔分钟数调整为5min；"文件打开"和"应用程序菜单"显示"最近使用的文件数"调整为5。

如图3-2-16所示，选择"打开和保存"选项卡，在"文件安全措施"选项组中将"保存间隔分钟数"数字改为5，然后在"文件打开"和"应用程序菜单"选项中将显示"最近使用的文件数"数字改为5。

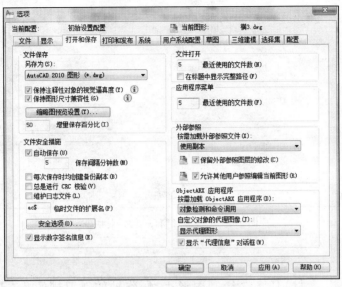

图3-2-16　"打开和保存"选项卡

④ "自动捕捉标记"颜色由"绿色"调整为"红色"。

如图3-2-17所示，选择"草图"选项卡，在"自动捕捉设置"选项组中单击"颜色"按钮，弹出"图形窗口颜色"对话框，如图3-2-18所示，通过"上下文"列表框选择要设置颜色的选项为"二维模型空间"，通过"界面元素"列表框选择要设置颜色的对应元素为"自动捕捉标记"，通过"颜色"下拉列表框选择要设置颜色的选项为"红"，然后单击"应用并关闭"按钮即可。

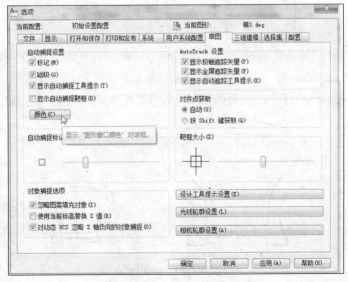

图3-2-17　"草图"选项卡

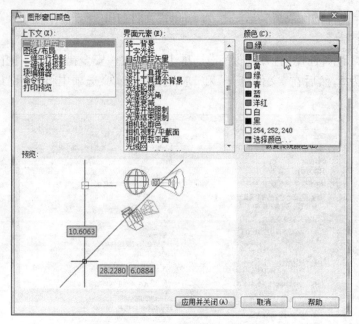

图 3-2-18 "图形窗口颜色"对话框

练习题

1. 打开文件夹:素材\任务二绘制图形 1 题,作轴的退刀槽的 2∶1 局部放大图,如图 3-2-19 所示。

$$\frac{I}{2:1}$$

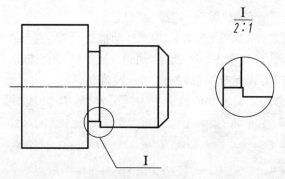

图 3-2-19 第 1 题

2. 打开文件夹:素材\任务二绘制图形\2 题,将原图复制后缩小一半,如图 3-2-20 所示。

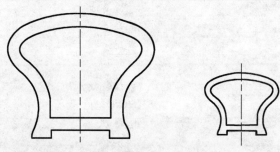

图 3-2-20 第 2 题

144

3. 绘制图 3-2-21 所示图形(提示:先画 10 个相切的直径相等的圆,直径随意,然后再画与之外接的三角形,最后参照边长 50 进行缩放)。

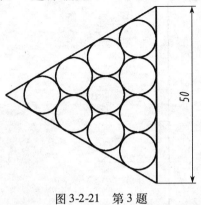

图 3-2-21　第 3 题

任务三　尺寸标注

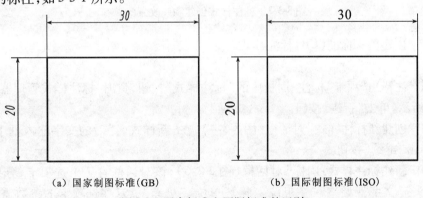

🖥 任务介绍

到目前为止,丁丁已经完成了轴的视图绘制,他迫不及待地想知道该怎样对图 3-0 中的尺寸进行标注。

任务解析

AutoCAD 中系统缺省的标注样式是国际标准(ISO),我国制图标准(GB)与国际标准(ISO)还没有完全接轨,要想进行正确尺寸标注,必须先创建符合我国国标的标注样式,才能进行正确的标注,如 3-3-1 所示。

（a）国家制图标准(GB)　　　　　　（b）国际制图标准(ISO)

图 3-3-1 国家标准和国际标准的区别

相关知识

一、创建国家标准(GB)的标注样式

通过"标注"→"标注样式"菜单或单击"注释"选项卡"标注"面板中"标注样式"按钮,如图 3-3-2 所示,可以执行标注样式创建和修改。

国家标准的标注样式参数一般参照下例进行设置。

（a）菜单

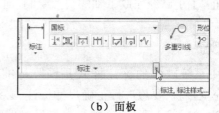

（b）面板

图 3-3-2　标注样式创建和修改命令

【例1】　创建国家标准（GB）标注样式。

步骤：

① 单击"注释"选项卡"标注"面板中的"标注样式"按钮，弹出"标注样式管理器"对话框，如图 3-3-3 所示，单击"新建"按钮。

② 弹出"创建新标注样式"对话框（图 3-3-4），在"新样式名"后的文字输入框中输入"国标"，然后单击"继续"按钮。

③ 弹出"新建标注样式：国标"对话框（图 3-3-5），该对话框有 7 个选项卡，分别是"线""符号和箭头""文字""调整""主单位""换算单位""公差"。这些选项卡的参数需要进行调整的是：

"线"选项卡

a. 将"尺寸线"区的"基线间距"改为 7～10。

b. 将"延伸线"（尺寸界限）区中"超出尺寸线"改为 2～3；"起点偏移量"改为 0。

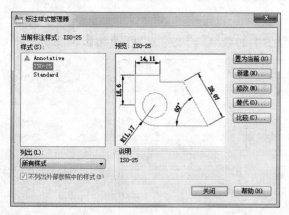

图 3-3-3　"标注样式管理器"对话框

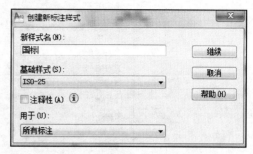

图 3-3-4　"创建新标注样式"对话框

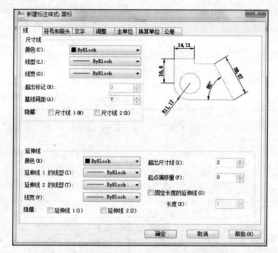

图 3-3-5　"新建标注样式：国标"对话框

"符号和箭头"选项卡（图 3-3-6）：

将"箭头"区的"箭头大小"改为 3～4。

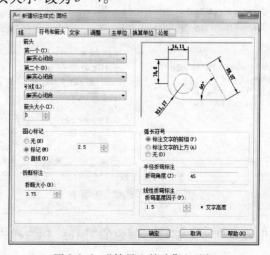

图 3-3-6　"符号和箭头"选项卡

"文字"选项卡(图 3-3-7):

将"文字外观"区的"文字样式"改为"工程图中的数字";"文字高度"改为 3.5。

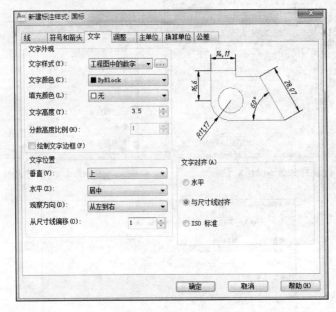

图 3-3-7 "文字"选项卡

"调整"选项卡(图 3-3-8):

选中"优化"区的"手动放置文字"复选框。

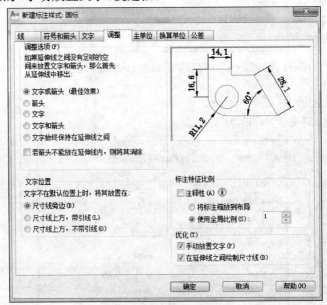

图 3-3-8 "调整"选项卡

④ 单击"确定"按钮,在 ISO – 25 基础上创建的"国标"标注样式,如图 3-3-9 所示,单击"关闭"按钮即可。

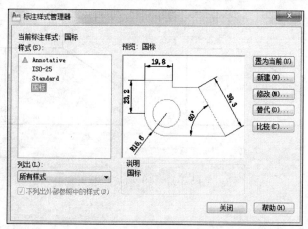

图 3-3-9　创建"国标"样式

二、尺寸标注的类型和方法

AutoCAD 将尺寸标注分为线性标注、对齐标注、角度标注、弧长标注、半径标注、直径标注、弯折标注、坐标标注、基线标注、连续标注等多种类型。这些标注可以通过"标注"菜单或单击"注释"选项卡"标注"面板中相应按钮,如图 3-3-10 所示,需要标注时只需单击相应按钮即可。

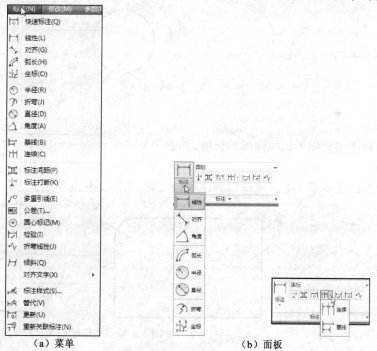

（a）菜单　　　　　（b）面板

图 3-3-10　"标注"命令

（1）线性标注

功能:线性标注主要用来标注水平或铅垂方向(但不一定是水平边、垂直边)的线性尺寸,如图 3-3-11 所示。

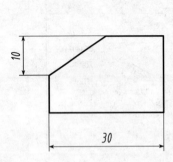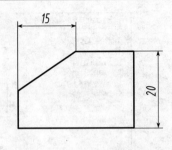

图 3-3-11　线性标注

（2）对齐标注

功能：对齐标注用于标注倾斜的线性尺寸，如图 3-3-12 所示。

（3）角度标注

功能：角度标注用于标注两条不平行直线之间的夹角、圆弧的中心角、已知三点标注角度，如图 3-3-13 所示。

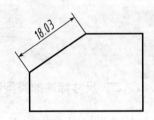

图 3-3-12　对齐标注

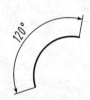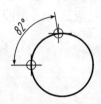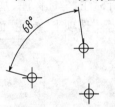

图 3-3-13　角度标注

（4）弧长标注

功能：弧长标注主要用于标注圆弧的长度，如图 3-3-14 所示。

（5）半径标注

功能：半径标注主要用于为圆或圆弧标注半径尺寸，如图 3-3-15 所示。

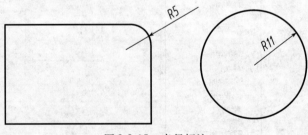

图 3-3-14　弧长标注　　　　　　　图 3-3-15　半径标注

（6）直径标注

功能：直径标注主要用于为圆或圆弧标注直径径尺寸，如图 3-3-16 所示。

（7）弯折标注

功能：弯折标注用于标注圆弧或圆的中心点位于较远位置时的情况，如图 3-3-17 所示。

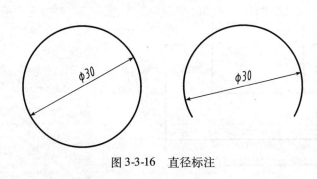

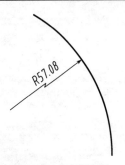

图 3-3-16　直径标注　　　　　　　　　图 3-3-17　弯折标注

（8）坐标标注

功能：坐标标注用于标注相对坐标原点的坐标尺寸，如图 3-3-18 所示。

（9）基线标注

功能：基线标注是指各尺寸线从同一延伸线引出的尺寸标注，如图 3-3-19 所示。

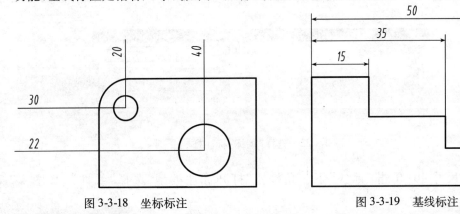

图 3-3-18　坐标标注　　　　　　　　　图 3-3-19　基线标注

（10）连续标注

功能：连续标注是指相邻两尺寸共用一条延伸线的尺寸标注，如图 3-3-20 所示。

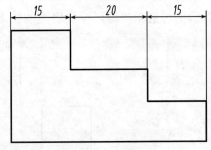

图 3-3-20　连续标注

AutoCAD 在进行以上尺寸标注的同时还可以注写尺寸公差，增加前、后缀等操作。

【例 2】　打开文件夹：素材\任务三尺寸标注\例题 2，利用"国标"样式标注进行尺寸标注，如图 3-3-21 所示。

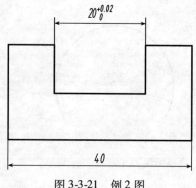

图 3-3-21　例 2 图

步骤:

① 打开文件夹:素材\任务三尺寸标注\例题 2,把尺寸线图层置为当前层。

② 在"注释"选项卡"标注"面板"标注样式"的下拉列表中选择"国标"标注样式,如图 3-3-22 所示。

图 3-3-22　选择"国标"标注样式

③ 标注尺寸 40:单击"标注"下三角按钮,打开标注类型,选择"线性",如图 3-3-23 所示。

命令提示:

　　指定第一条延伸线原点或,<选择对象 >:(单击底边左端端点)

　　指定第二条延伸线原点:(单击底边右端端点)

向下拖动尺寸线,寻找到合适的位置单击即可标注底边的长 40,如图 3-3-24 所示。

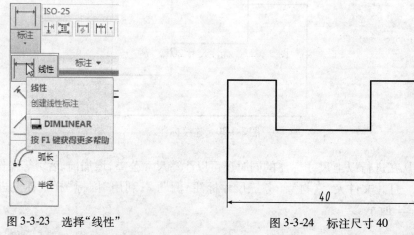

图 3-3-23　选择"线性"　　　　　　　　　图 3-3-24　标注尺寸 40

④ 标注尺寸 $20_{\ 0}^{+0.02}$：单击线性标注按钮 。

命令提示：

　　指定第一条延伸线原点或，<选择对象>:（单击槽的左端点）

　　指定第二条延伸线原点:（单击槽的右端点）

　　指定尺寸线位置或

　　[多行文字(M)/文字(T)/角度(A)/水平(H)/垂直(V)/旋转(R)]:（M↙）

此时弹出多行文字文本输入框（图 3-3-25），其中带阴影的 20 是自动测量的尺寸，把光标移至 20 的后面，输入 +0.02^0，然后选中 +0.02^0（图 3-3-26），单击"堆叠"按钮 ，即可变成图 3-3-27所示，单击"文字格式"对话框中的"确定"按钮，在图中拖动尺寸线，寻找到合适的位置单击即可完成标注尺寸 $20_{\ 0}^{+0.02}$。

图 3-3-25　标注尺寸 $20_{\ 0}^{+0.02}$（一）

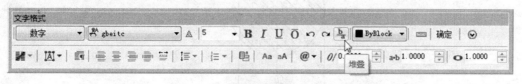

图 3-3-26　标注尺寸 $20_{\ 0}^{+0.02}$（二）

图 3-3-27　标注尺寸 $20_{\ 0}^{+0.02}$（三）

任务实施

掌握以上知识，丁丁尝试着标注轴的尺寸。

【例3】　打开任务二中绘制的轴的图形，利用"国标"样式标注轴的尺寸，如图 3-3-28 所示。

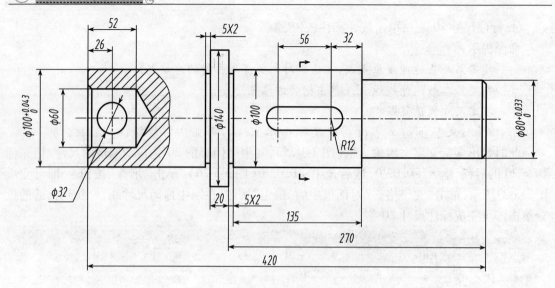

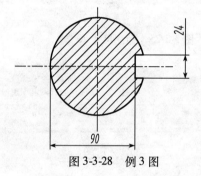

图 3-3-28　例 3 图

步骤：

① 打开任务二绘制好的图形，如图 3-3-29 所示，把尺寸线图层置为当前层。

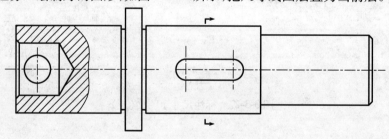

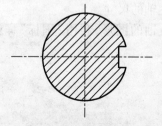

图 3-3-29　打开绘制好的图形

② 单击"注释"选项卡"标注"面板中的"标注样式"按钮,弹出"标注样式管理器"对话框,如图 3-3-30 所示,在"样式"区单击"国标"样式后单击"修改"按钮。

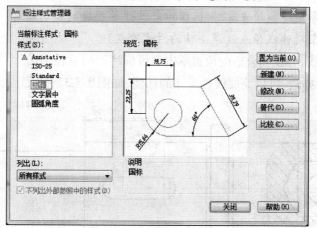

图 3-3-30 修改"国标"样式

弹出"修改标注样式:国标"对话框,如图 3-3-31 所示,将"测量单位比例"中的"比例因子"改为 2,单击"确定"按钮,返回"标注样式管理器"对话框,单击"关闭"按钮即可。

温馨提示:

此处修改"测量比例因子"的原因是该图绘制完成后按 1 : 2 缩小了,若按 1 : 1 的比例因子标注,则标注出的尺寸数字也相应变小,因而该图在标注时需将标注样式中的"比例因子"改为 2,才能保证标注出的尺寸是我们需要的真实尺寸。同理,若图形按 5 : 1 放大绘制,则"比例因子"应改为 0.2。

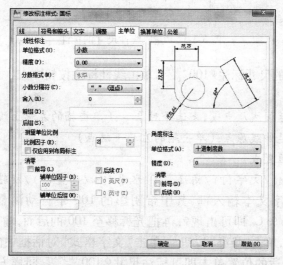

图 3-3-31 "修改标注样式:国标"对话框

③ 在"注释"选项卡"标注"面板"标注样式"的下拉列表中选择"国标"标注样式为当前标注样式。

④ 标注长度尺寸,单击标注下三角按钮,打开标注类型,选择"线性"。

命令提示:

　　　指定第一条延伸线原点或,<选择对象 >:(单击轴的左端端点)

　　　指定第二条延伸线原点:(单击轴的右端端点)

向下拖动尺寸线,寻找到合适的位置单击即可标注轴的总长 420。

⑤ 重复这样的办法,可以完成线性尺寸的标注,如图 3-3-32 所示。

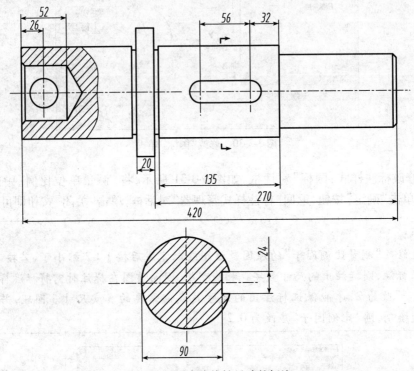

图 3-3-32　完成线性尺寸的标注

⑥ 带有尺寸偏差的尺寸标注$\phi 100^{+0.043}_{0}$,单击线性标注按钮█████。

命令提示:

　　　指定第一条延伸线原点或,<选择对象 >:(单击轴的左端上端点)

　　　指定第二条延伸线原点:(单击轴的左端下端点)

　　　指定尺寸线位置或

　　　[多行文字(M)/文字(T)/角度(A)/水平(H)/垂直(V)/旋转(R)]:(M↙)

　　此时弹出多行文字文本输入框,其中带阴影的 100 是自动测量的尺寸,把光标移到 100 的最前端,输入%%C,即可出现ϕ,再把光标移至 100 的后面,输入 +0.043ˆ0,然后选中 +0.043ˆ0(图 3-3-33),单击"堆叠"按钮 ,单击"文字格式"对话框中的"确定"按钮,在图中拖动尺寸线,寻找到合适的位置单击即可标注尺寸$\phi 100^{+0.043}_{0}$。同样方法可以标注尺寸$\phi 60$、$\phi 140$、$\phi 100$、$\phi 80^{+0.033}_{0}$、5×2,如图 3-3-34 所示。

$$\phi 100 \, {}^{+0.043}_{0}$$

图 3-3-33　标注 $\phi 100 \, {}^{+0.043}_{0}$

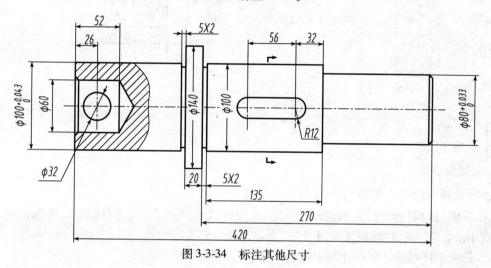

图 3-3-34　标注其他尺寸

⑦ 标注半径和直径。

单击"注释"选项卡"标注"面板中的"半径"按钮,如图 3-3-35(a)所示。

命令提示:

　　选择圆弧或圆:(单击需要标注半径的圆弧)

　　标注文字 =12

　　指定尺寸线位置或[多行文字(M)/文字(T)/角度(A)]:(单击放置半径的恰当位置)

即可标注 R12,如图 3-3-35(b)所示。

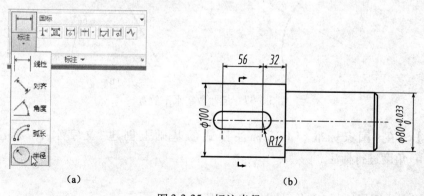

(a)　　　　　　　　　　　　　(b)

图 3-3-35　标注半径

同样方法可以标注直径 ϕ32,如图 3-3-36 所示。

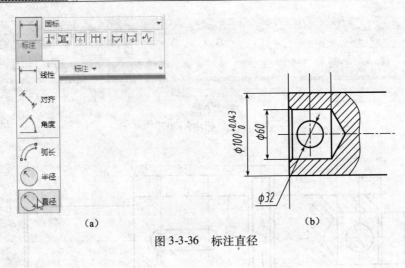

（a）　　　　　　　　　（b）

图 3-3-36　标注直径

全图标注完毕。

任务小结

通过标注轴的尺寸，我们主要学习了以下知识：

① 掌握"国标"标注样式的创建及使用，标注样式创建好之后，使用前可以根据标注要求修改其中的参数，例如"测量比例因子"、"文字高度"等。

② 掌握了线性尺寸的标注及编辑和半径、直径的标注。

拓展提高

一、对尺寸数字水平放置要求的标注

在上例中 GB 标注的直径 φ32 和半径 R12 的文字书写方向是水平的。在尺寸标注中，有些半径、角度标注的尺寸数字需要水平书写，如图 3-3-37 所示中的半径和角度。解决这个问题的办法有两种：一是新建一个水平书写的"文字水平"标注方式进行标注，另一办法是在标注时进行文字角度的定义，使其水平。我们以角度的标注举例操作如下：

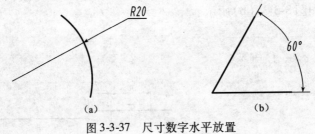

（a）　　　　　　　　　（b）

图 3-3-37　尺寸数字水平放置

【例4】　在"国家标准（GB）"标注样式的基础上创建"文字水平"标注样式，对图 3-3-37（b）角度进行标注。

步骤：

① 在粗实线图层绘制 60°角，如图 3-3-38 所示。

② 单击"注释"选项卡"标注"面板中的"标注样式"按钮，如图 3-3-39 所示。

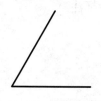

图 3-3-38　步骤①

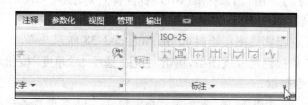

图 3-3-39　"注释"选项卡

弹出"标注样式管理器"对话框,如图 3-3-40 所示,单击"新建"按钮。

弹出"创建新标注样式"对话框,在"新样式名"后的文本框中输入"文字水平",基础样式选择"国标",然后单击"继续"按钮,如图 3-3-41 所示。

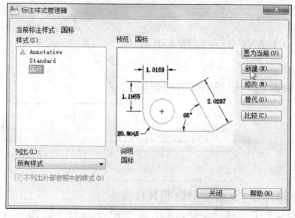

图 3-3-40　单击"新建"按钮

图 3-3-41　设置创建新标注样式

弹出"新建标注样式:文字水平"对话框,在"文字"选项卡中将"文字对齐"区的对齐方式选为"水平",如图 3-3-42 所示。单击"确定"按钮,再关闭"标注样式管理器",即可完成"文字水平"标注样式的创建。

③ 将"尺寸线"图层置为当前层,选择"注释"选项卡"标注"面板中"文字水平"标注样式(图 3-3-43)进行角度标注即可。

图 3-3-42　选中"水平"文字对齐方式

图 3-3-43　选择"文字水平"

159

【例5】 用"国家标准(GB)"标注样式对图3-3-37(b)角度进行标注。

步骤：

① 在粗实线图层绘制60°角，如图3-3-38所示。

② 切换到尺寸线图层，单击"标注"选项卡"角度"按钮 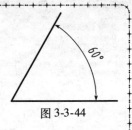。

命令提示：

选择圆弧、圆、直线或＜指定顶点＞:(单击角的一边)

选择第二条直线:(单击角的另一边)

指定标注弧线位置或[多行文字(M)/文字(T)/角度(A)/象限点(Q)]:(A↙)

指定标注文字的角度:(1↙)

拖动鼠标，测量得到的角度值放到恰当的位置即可。

> **温馨提示：**
>
> ① 因为"指定标注的角度"有效值为不包括0，所以输入角度为1°。
>
> ② 如果不进行角度定义，标注效果如图3-3-44所示，不符合国家标准对角度尺寸数字的要求。
>
> 图3-3-44

二、创建连续小尺寸

在机械图样标注中，会遇到连续小尺寸的标注，下面举例说明其标注方法。

【例6】 创建"连续小尺寸"标注样式，打开文件夹:素材\任务三尺寸标注\例题6，对图3-3-45进行标注。

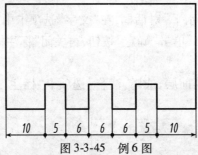

图3-3-45 例6图

图形分析：这种标注样式与"国标"标注样式的区别在于尺寸线终端的箭头样式不一样，这组尺寸线的终端有两种样式，一种样式尺寸线终端一端是实心闭合箭头，另一端是小点；而另一种样式尺寸线终端两端都是小点，因此我们需要创建两种标注样式，分别叫做连续小尺寸1和连续小尺寸2。

步骤：

① 打开文件夹:素材\任务三尺寸标注\例题6。

② 创建连续小尺寸1:单击"注释"选项卡"标注"面板中的"标注样式"按钮。

即可打开"标注样式管理器"对话框，单击"新建"按钮。

弹出"创建新标注样式"对话框，在"新样式名"文本框中输入"连续小尺寸1"，"基础样式"选择"国标"，然后单击"继续"按钮，如图3-3-46所示。

弹出"新建标注样式：连续小尺寸 1"对话框，如图 3-3-47 所示，在"符号和箭头"选项卡中将"箭头"区"第一个"选为"实心闭合"，"第二个"选为"小点"。单击"确定"按钮，关闭"标注样式管理器"即可完成"连续小尺寸 1"标注样式的创建。

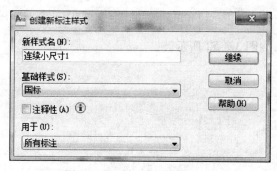

图 3-3-46　输入"连续小尺寸 1"

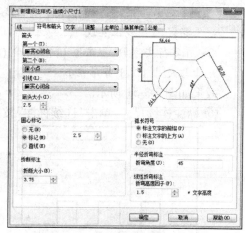

图 3-3-47　设置连续小尺寸 1

③ 创建连续小尺寸 2：同样办法可以创建"连续小尺寸 2"，只是在选择箭头样式时两个箭头样式都选"小点"即可。

④ 标注左端尺寸 10：将尺寸线图层置为当前层，在"注释"选项卡"标注"面板中选择标注样式为"连续小尺寸 1"，如图 3-3-48 所示。

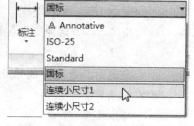

图 3-3-48　选择"连续尺寸 1"

再单击线性标注按钮 线性。

命令提示：

指定第一条延伸线原点或，< 选择对象 >：(单击线段左端点)

指定第二条延伸线原点：(单击线段右端端点)

指定尺寸线位置或

[多行文字 (M) / 文字 (T) / 角度 (A) / 水平 (H) / 垂直 (V) / 旋转 (R)]：(拖动鼠标将尺寸放在合适位置单击)

效果如图 3-3-49 所示。

⑤ 标注中间的小尺寸 5：在"注释"选项卡"标注"面板中选择标注样式为"连续小尺寸 2"，如图 3-3-50 所示。

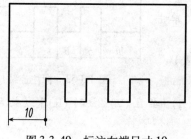

图 3-3-49　标注左端尺寸 10

图 3-3-50　标注中间的小尺寸 5

再单击线性标注按钮 线性。

命令提示：

指定第一条延伸线原点或,<选择对象>:(单击线段左端点)

指定第二条延伸线原点:(单击线段右端端点)

指定尺寸线位置或

[多行文字(M)/文字(T)/角度(A)/水平(H)/垂直(V)/旋转(R)]:(拖动鼠标将尺寸与尺寸10平齐单击)

效果如图3-3-51所示。

⑥ 标注连续尺寸:单击"连续标注"按钮 ,如图3-3-52所示。

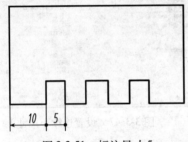

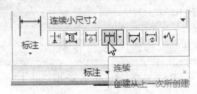

图3-3-51　标注尺寸5　　　　　　　　图3-3-52　单击"连续标注"按钮

命令提示：

指定第二条延伸线原点或[放弃(U)/选择(S)]<选择>:(单击尺寸6线段的右端点)

标注文字 =6

指定第二条延伸线原点或[放弃(U)/选择(S)]<选择>:(单击下一个尺寸6线段的右端点)

标注文字 =6

指定第二条延伸线原点或[放弃(U)/选择(S)]<选择>:(单击下一个尺寸6线段的右端点)

标注文字 =6

指定第二条延伸线原点或[放弃(U)/选择(S)]<选择>:(单击尺寸5线段的右端点)

标注文字 =5

指定第二条延伸线原点或[放弃(U)/选择(S)]<选择>:(↙)

效果如图3-3-53所示。

⑦ 标注右端尺寸10:在"注释"选项卡"标注"面板中选择标注样式为"连续小尺寸1",单击线性标注按钮 线性。

命令提示：

指定第一条延伸线原点或,<选择对象>:(单击线段右端端点)

指定第二条延伸线原点:(单击线段左端端点)

指定尺寸线位置或

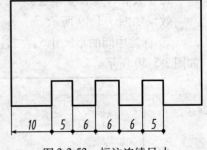

图3-3-53　标注连续尺寸

[多行文字(M)/文字(T)/角度(A)/水平(H)/垂直(V)/旋转(R)]:(拖动鼠标将尺寸与尺寸5平齐单击)

效果如图3-3-45所示,即完成标注。

温馨提示:

在第⑦步尺寸标注时,系统默认第一条延伸线对应的箭头是第一个箭头,因此在标注右端尺寸10时,先单击右端点,再单击左端点。

练习题

1. 按图 3-3-54 给定的尺寸绘图,并标注尺寸。

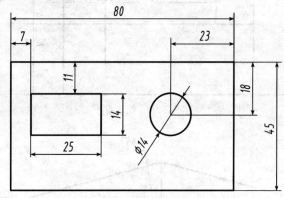

图 3-3-54　第 1 题

2. 按图 3-3-55 给定的尺寸绘图,并标注尺寸。

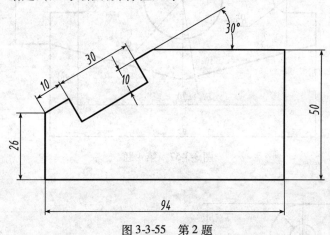

图 3-3-55　第 2 题

3. 按图 3-3-56 给定的尺寸绘图,并标注尺寸。

4. 按图 3-3-57 给定的尺寸绘图,并标注尺寸。

5. 按图 3-3-58 给定的尺寸绘图,并标注尺寸(创建"隐藏尺寸界限"标注样式,设置隐藏尺寸界限 1,尺寸线 1,将第一个箭头改为"无")。

6. 按图 3-3-59 给定的尺寸绘图,并标注尺寸。

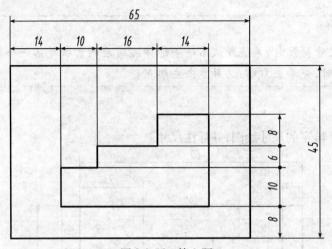

图 3-3-56　第 3 题

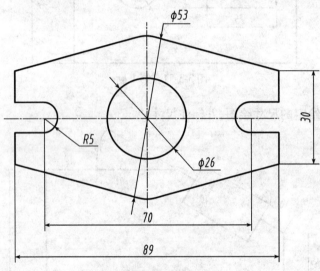

图 3-3-57　第 4 题

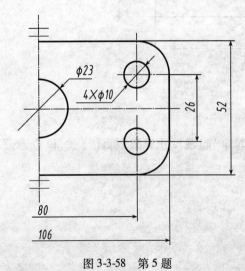

图 3-3-58　第 5 题

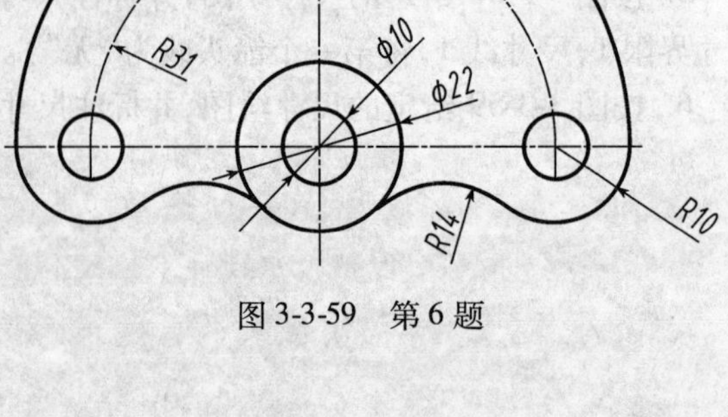

图 3-3-59　第 6 题

7. 按图 3-3-60 给定的尺寸绘图,并标注尺寸。

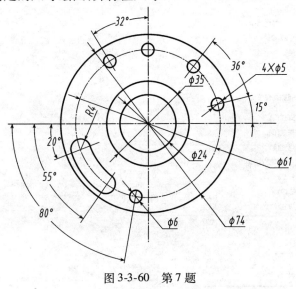

图 3-3-60　第 7 题

任务四　技术要求

任务介绍

完成了前期的绘制和尺寸标注,"轴"这张零件图的绘制只剩下技术要求了,接下来丁丁需要把几何公差、表面粗糙度等技术要求标注上即可完成该图样的绘制。

任务解析

零件图上的技术要求主要包括表面粗糙度、尺寸公差、几何公差、热处理等内容,尺寸公差在上一任务中已经掌握了,因此本任务主要学习通过创建"块",方便地标注出表面粗糙度、利用"多重引线"标注出倒角等尺寸以及进行几何公差框格、基准的标注等。

相关知识

一、多重引线

利用多重引线标注可以进行带文字说明或几何公差、倒角、注释、说明等标注,如图 3-4-1 所示。引线可以是直线,也可以是样条曲线;可以有箭头,也可无箭头。引线和注释的文字说明是相互关联的,文字的位置可以通过"引线设置"对话框中的"附着"选项卡设置。

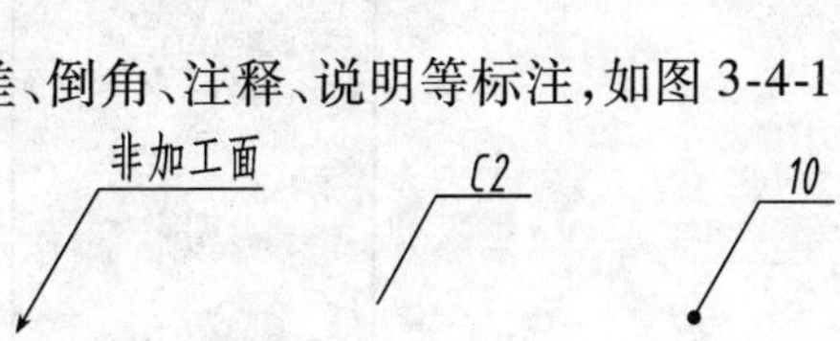

图 3-4-1　多重引线标注

在机械图样中,我们常用的多重引线式样主要是引线带箭头、无箭头和圆点三种情况,下面我们介绍这几种样式的创建及使用。

通过"格式"→"多重引线样式"菜单或单击"注释"选项卡"引线"面板中"引线样式"按钮,如图 3-4-2 所示,可以执行引线样式创建和修改。

165

（a）菜单   （b）面板

图 3-4-2   多重引线创建命令

通过"标注"→"多重引线"菜单或单击"注释"选项卡"引线"面板中"多重引线"标注按钮，如图 3-4-3 所示，可以执行多重引线标注。

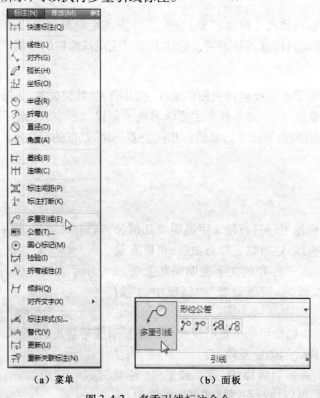

（a）菜单   （b）面板

图 3-4-3   多重引线标注命令

【**例1**】　创建"箭头"多重引线样式,并进行标注如图 3-4-4 所示。

步骤:

① 创建"箭头"多重引线样式。

单击"注释"选项卡"引线"按钮,如图 3-4-5 所示。

图 3-4-4　例 1 图　　　　　　　　　　图 3-4-5　单击"引线样式"按钮

弹出"多重引线样式管理器"对话框,如图 3-4-6 所示。

单击"新建"按钮,弹出"创建新多重引线样式"对话框(图 3-4-7),在"新样式名"文本框中输入"箭头",然后单击"继续"按钮。

弹出"修改多重引线样式:箭头"对话框,如图 3-4-8 所示,该对话框有三个选项卡,分别是"引线格式""引线结构""内容",这些选项卡的参数需要进行调整的是"引线结构"选项卡(图 3-4-9):

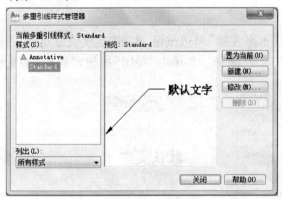

图 3-4-6　"多重引线样式管理器"对话框

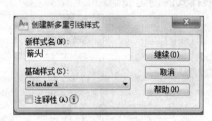

图 3-4-7　"创建新多重引线样式"对话框

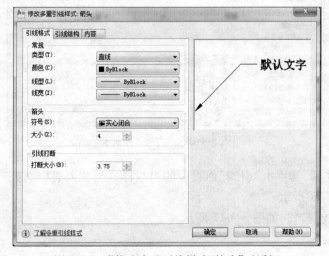

图 3-4-8　"修改多重引线样式:箭头"对话框

a. 将"约束"区的"最大引线点数"改为3。

b. 将"基线设置"区中"设置基线距离"改为2。

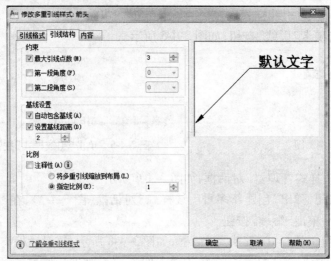

图 3-4-9 "引线结构"选项卡

"内容"选项卡：

如图 3-4-10 所示，选中"引线连接"区中"水平连接"单选按钮，再在"连接位置-左："后的下拉列表中选择"最后一行加下画线"，单击"确定"按钮。再单击"关闭"按钮，"箭头"多重引线样式的创建完毕。

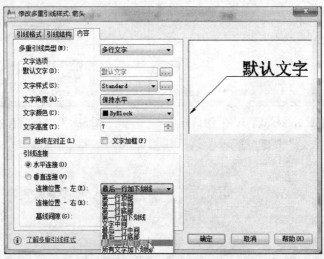

图 3-4-10 "内容"选项卡

② 标注：在"注释"选项卡"引线"面板中的引线样式下拉列表中选择"箭头"为当前多重引线样式，如图 3-4-11 所示。

单击"多重引线"按钮，如图 3-4-12 所示。

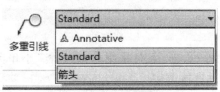

图 3-4-11　选择"箭头"

图 3-4-12　单击"多重引线"按钮

命令提示：

　　指定引线箭头的位置或[引线基线优先(L)/内容优先(C)/选项(O)]<选项>：(指定箭头的输入点)

　　指定下一点：(指定引线的转折点)

　　指定引线基线的位置：(指定引线的第三点)

　　此时弹出"文字格式"对话框,选择文字样式、字号之后输入文字"非加工面",单击"确定"按钮,即可完成,如图 3-4-13 所示。

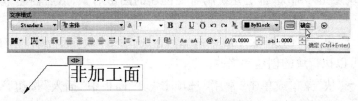

图 3-4-13　输入"非加工面"

温馨提示：

　　在创建"无箭头""圆点"多重引线样式时,选择"箭头"为基础样式(图 3-4-14),只需在"引线格式"选项卡"箭头"区"符号"右侧的下拉列表中分别选择□无和●点作为箭头符号,其他参数不变即可完成"无箭头""圆点"多重引线样式的创建(图 3-4-15)。

图 3-4-14　选择"箭头"为基础样式　　　　图 3-4-15　选择箭头符号

二、块

在 AutoCAD 中,为了提高绘图效率,可以将一些图元、文字对象组合成一个"小单元"(图 3-4-16),我们称其为"块",将其保存起来,使用时直接调用。

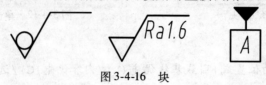

图 3-4-16   块

块有两种类型:
① 内部块:只能在当前图形文件中使用。
② 外部块:以单独的图形文件存在可以在其他图形文件中使用。

不管是内部块还是外部块,都是先绘制需要创建的图形对象,然后创建"块",使用时插入"块"即可。

通过"绘图"→"块"→"创建"菜单或单击"常用"选项卡"块"面板中"创建"按钮 ，如图 3-4-17 所示,可以执行块的创建和修改。

通过"插入"→"块"菜单或单击"常用"选项卡"块"面板中"插入"按钮 ，如图 3-4-18 所示,可以执行块的插入。

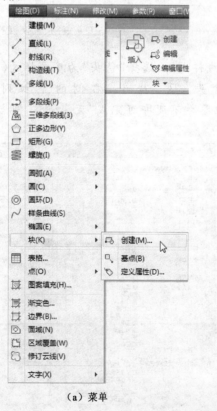

（a）菜单

（b）面板

图 3-4-17   块的创建命令

（a）菜单

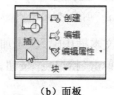

（b）面板

图 3-4-18　块的插入命令

【例2】　绘制"未加工表面粗糙度"符号（图3-4-19a），尺寸如图3-4-19（b）所示，创建内部块，打开文件夹：素材\任务四技术要求\例题2，并标注在图3-4-19（c）上。

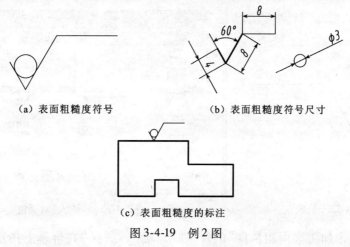

（a）表面粗糙度符号　　　　　（b）表面粗糙度符号尺寸

（c）表面粗糙度的标注

图 3-4-19　例2图

步骤：

① 打卡文件夹：素材\任务四技术要求\例题2。

② 创建块：利用"常用"选项卡"绘图"面板中的"直线"按钮╱和"圆"按钮⊙，按图3-4-19（b）所示尺寸绘制出图3-4-19（a）中的表面粗糙度符号符号。

单击"常用"选项卡"块"面板中的"创建"按钮，如图3-4-20所示。

弹出"块定义"对话框，如图3-4-21所示，并进行如下设置。

171

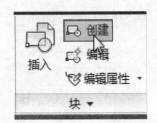

图 3-4-20　单击"创建"按钮

图 3-4-21　"块定义"对话框

"名称"区:文本框中输入"未加工表面粗糙度"。

"基点"区:单击"拾取点"按钮,在图 3-4-22 中选取表面粗糙度符号最下方的端点为插入基点。

"对象"区:单击:"选择对象"按钮,选取整个表面粗糙度符号为块的对象,再单击"确定"按钮即可完成"未加工表面粗糙度"内部块的创建。

③ 插入块:单击"常用"选项卡"块"面板中的"插入块"按钮,弹出"插入"对话框,如图 3-4-23 所示。

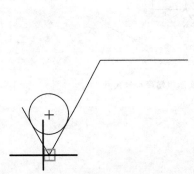

图 3-4-22　拾取点

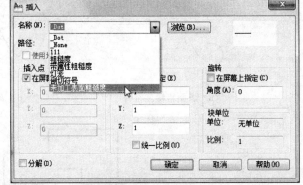

图 3-4-23　"插入"对话框

选择名称为"未加工表面粗糙度"的块,选中"插入点"区"在屏幕上指定"复选框,单击"确定"按钮,回到绘图界面。

命令提示

　　　指定插入点或 [基点(B)/比例(S)/X/Y/Z/旋转(R)]:(单击视图中粗糙度的合适位置)

完成标注。

任务实施

掌握了以上知识,丁丁拿起图纸,开始揣摩图 3-4-24 中的内容怎样注写上去。

【例3】　打开任务三标注完成尺寸标注的图样,完成图 3-4-24 技术要求方面内容的注写。

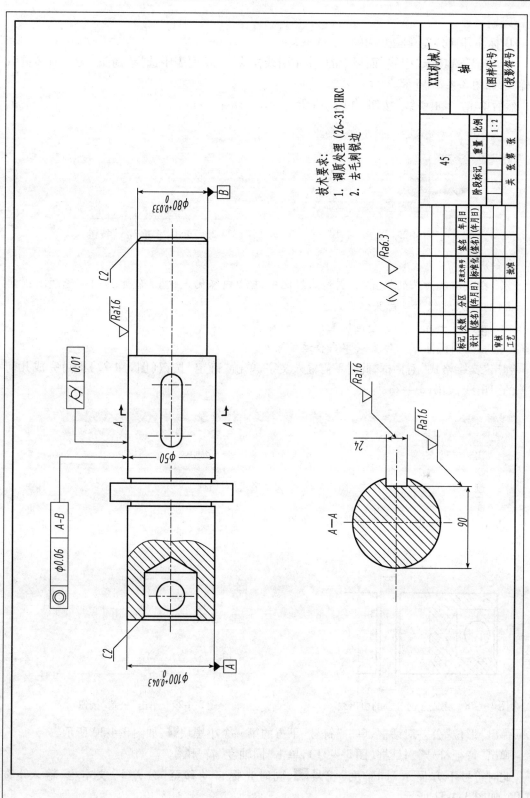

技术要求：
1. 调质处理 (26~31) HRC
2. 去毛刺锐边

图3-4-24　例3图

步骤：

① 标注几何公差 ⊚ ⌀0.06 A-B 和 ╱ 0.01 。

在"注释"选项卡"引线"面板中的"多重引线样式"下拉列表中选择"箭头"为当前多重引线样式，如图 3-4-25 所示。

然后单击"多重引线"按钮，如图 3-4-26 所示。

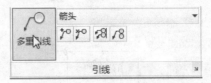

图 3-4-25 选择"箭头"　　　　图 3-4-26 单击"多重引线"按钮

命令提示：

指定引线箭头的位置或[引线基线优先(L)/内容优先(C)/选项(O)]<选项>:(单击 ⌀100 尺寸线上端箭头位置)

指定下一点:(单击合适位置)

指定引线基线的位置:(单击合适位置)

弹出"文字格式"对话框，此时不需输入文字，单击"确定"按钮(图 3-4-27)即可完成几何公差的引出线，如图 3-4-28 所示。

图 3-4-27 "文字格式"对话框

单击"标注"面板中的"公差"按钮，如图 3-4-29 所示。

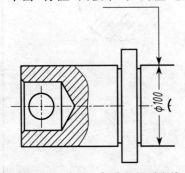

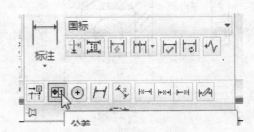

图 3-4-28 完成几何公差的引出线　　　图 3-4-29 单击"公差"按钮

弹出"形位"公差对话框，单击"符号"下方的第一个小黑块■，如图 3-4-30 所示。

弹出"特征符号"对话框(图 3-4-31)，单击"同轴度"符号◉。

此时符号下方显示"同轴度"符号◉，同时光标自动移至"公差 1"文本框，输入%%c0.06，如图 3-4-32 所示。

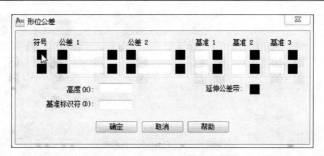

图 3-4-30　"形位公差"对话框

图 3-4-31　单击"同轴度"符号

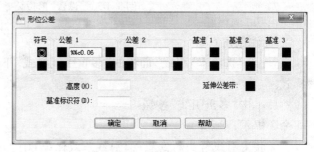

图 3-4-32　输入 %％c 0.06

在"基准 1"文本框中输入 A-B，如图 3-4-33 所示。

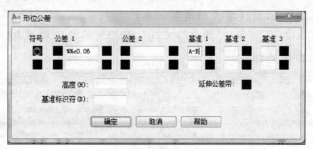

图 3-4-33　输入 A－B

单击"确定"按钮，此时屏幕上鼠标箭头就会变成几何公差的方格框，如图 3-4-34
所示。

在第一步画出的多重引线适当的地方单击，几何公差及框格即可标注完成，如图 3-4-35
所示。

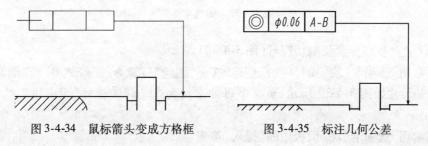

图 3-4-34　鼠标箭头变成方格框　　　　图 3-4-35　标注几何公差

同样方法标注 $\boxed{\text{// }0.01}$，只是在"形位公差"对话框中"符号"选择"平行度" //，"公差 1"输入
0.01，其他项目不填写即可，如图 3-4-36 所示。

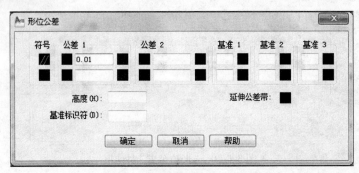

图 3-4-36　设置"形位公差"对话框

② 标注倒角 $C2$。

在"注释"选项卡"引线"面板的"多重引线样式"下拉列表中选择"无箭头"为当前多重引线样式。

然后单击"多重引线"按钮。

命令提示：

指定引线箭头的位置或[引线基线优先(L)/内容优先(C)/选项(O)]<选项>：(单击倒角斜线端点)

指定下一点：(单击多重引线的转折点)

指定引线基线的位置：(单击引线第三点)

弹出文本框如图 3-4-37 所示，输入文字 $C2$(注意设置好文字样式和字号等)，单击"确定"按钮即可完成轴两端倒角的标注。

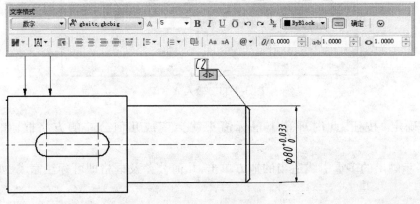

图 3-4-37　弹出文本框

③ 标注公差基准要素及剖切符号(图 3-4-38)。

单击"常用"选项卡"块"面板中的"创建"按钮，创建"灯笼 A"、"灯笼 B"和"剖切符号"三个块，其相关尺寸如图 3-4-39 所示，英文字母的字高为 5，"剖切符号"用多重引线或多段线画出。

单击"常用"选项卡"块"面板中的"插入"按钮。

弹出"插入"对话框，如图 3-4-40 所示，在"名称"下拉列表中选择"灯笼 A"，然后单击"确定"按钮。

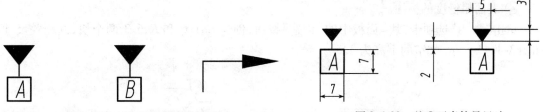

图 3-4-38　基准要素剖切符号　　　　　　　　图 3-4-39　基准要素符号尺寸

图 3-4-40　选择"灯笼 A"

命令提示：

指定插入点或 [基点 (B)/比例 (S)/X/Y/Z/旋转 (R)]：（单击轴左端尺寸 $\phi100^{+0.043}_{0}$ 尺寸线端点即可），如图 3-4-41 所示。

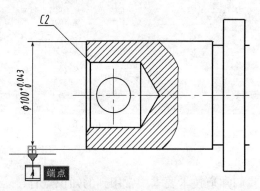

图 3-4-41　插入基准 A

同样方法可标注块"灯笼 B"和"剖切符号"，如图 3-4-42 所示。

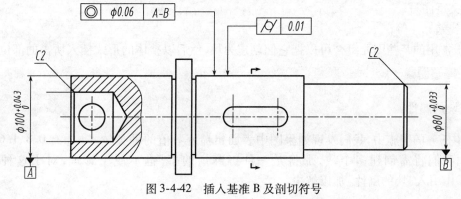

图 3-4-42　插入基准 B 及剖切符号

177

④ 表面粗糙度的标注。

单击"常用"选项卡"块"面板中的"创建"按钮,创建 $Ra1.6$ 和 $Ra6.3$ 两个块,其相关尺寸如图 3-4-43 所示,文字的字高为 3.5。

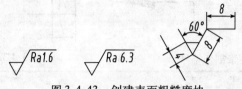

图 3-4-43　创建表面粗糙度块

单击"常用"选项卡"块"面板中的"插入"按钮,弹出"插入"对话框,在"名称"下拉列表中选择 $Ra1.6$,单击"确定"按钮,如图 3-4-44 所示。

命令提示:

　　指定插入点或[基点(B)/比例(S)/X/Y/Z/旋转(R)]:(单击需要标注粗糙度▽$^{Ra1.6}$的
位置)

同样方法可标注块所有▽$^{Ra1.6}$和﹝√﹞▽$^{Ra6.3}$。

⑤ 最后用单行文字或多行文字输入图 3-4-24 所示技术要求。

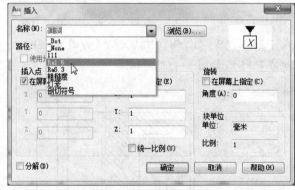

图 3-4-44　选择 $Ra1.6$

任务小结

通过注写技术要求,我们知道技术要求中常用到的知识点有:

① 多重引线;

② 块;

③ 文字注写;

④ 公差标注等;

对于常用的某些图元组合可以把它们创建为块,然后以整体的形式插入所需的部位。

拓展提高

一、块的属性

从本任务的实施中,我们发现如果图中表面粗糙度数值的种类较多(如有 0.8、1.6、3.2、6.3 等),我们将需创建多个块,那将是一件挺麻烦的事,也不便于管理,对于这种情况,AutoCAD中引入"块的属性"加以解决。

"属性"是从属于块的文字信息,是块的组成部分,在定义块之前先要定义每一个属性,然后把属性附着于块上,在插入块时根据提示,用户可以输入属性定义的值,以方便、快捷地使用块。

通过"绘图"→"块"→"定义属性"菜单或单击"常用"选项卡"块"面板中"定义属性"按钮 ,如图 3-4-45 所示,可以执行块的定义。

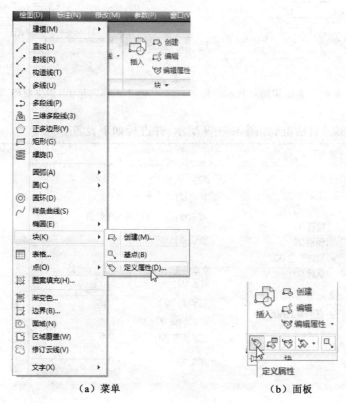

（a）菜单　　　　　　　　（b）面板

图 3-4-45　"定义属性"命令

【例4】　创建带属性的块,并按照图 3-4-46(a)所示式样在 3-4-46(b)图中进行表面粗糙度的标注。

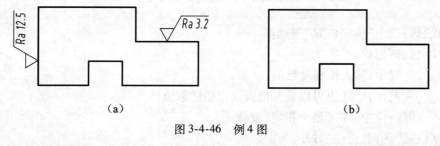

（a）　　　　　　　　　　　　　（b）

图 3-4-46　例 4 图

步骤:

① 画表面粗糙度基本符号。

按尺寸要求画出表面粗糙度基本符号,如图 3-4-47 所示,其中字母的字高为 5。

② 定义属性。

单击"常用"选项卡"块"面板中的"定义属性"按钮 ，如图 3-4-48 所示。

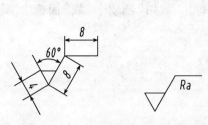

图 3-4-47　表面粗糙度基本符号　　　　图 3-4-48　单击"定义属性"按钮

弹出"属性定义"对话框，如图 3-4-49 所示，并进行如下设置。

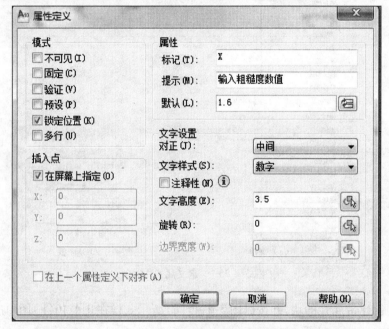

图 3-4-49　"属性定义"对话框

"模式"区：选中"锁定位置"复选框。

"属性"区：标记：X。

提示：输入粗糙度数值。

默认：1.6（也可以是其他表面粗糙度数值）。

"插入点"区：选中"在屏幕上指定"复选框。

"文字设置"区：对正：左对齐。

文字样式：数字。

文字高度：3.5。

旋转：0。

然后单击"确定"按钮。

命令提示：

　　指定起点：（在屏幕上指定属性在块中的插入点位置，如图 3-4-50 所示）

即可完成属性定义。

③ 创建带属性的块。

单击"常用"选项卡"块"面板中的"创建"按钮。

弹出"块定义"对话框，如图 3-4-51 所示，并进行如下设置。

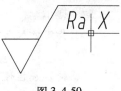

图 3-4-50

图 3-4-51　"块定义"对话框

　　"名称"区：文本框中输入"带属性粗糙度"。

　　"基点"区：单击"拾取点"按钮，在图中选取表面粗糙度符号最下方的端点为插入基点，如图 3-4-52 所示。

　　"对象"区：单击"选择对象"按钮，在图中选取整个表面粗糙度符号包括属性为块的"对象"，再单击"确定"按钮即可完成"带属性粗糙度"内部块的创建。

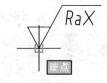

图 3-4-52　选取端点为插入基点

④ 插入带属性的块。

单击"常用"选项卡"块"面板中的"插入"按钮，弹出"插入"对话框，如图 3-4-53 所示，在"名称"下拉列表中选择"带属性粗糙度"，然后单击"确定"按钮。

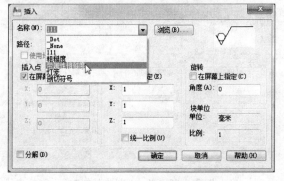

图 3-4-53　选择"带属性粗糙度"

命令提示：

指定插入点或[基点(B)/比例(S)/X/Y/Z/旋转(R)]:(单击需要标注表面粗糙度 $\sqrt{^{Ra3.2}}$ 的位置)

输入属性值

输入粗糙度数值<1.6>:3.2 ↙

即可完成 $\sqrt{^{Ra3.2}}$ 的标注。同样方法标注 $\sqrt{^{Ra12.5}}$ ，只是在"插入"对话框"旋转"区中，输入角度为90°，系统提示：输入表面粗糙值<1.6>:时输入12.5即可。

二、外部块

我们学习内部块只能在当前图形文件中使用。如果想在其他图形文件中使用该块，必须以单独的图形文件存在(即外部块)。在创建外部块时，可以是将一组图形创建为外部块，也可以是将现有的内部块创建为外部块。

【例5】 将【例3】中的带属性粗糙度转换为外部块。

步骤：

① 在命令提示行中输入字母 w ↙。

② 弹出"写块"对话框，如图3-4-54所示。

在"源"区中选中"块"单选按钮，并选择"带属性粗糙度"。

在"目标"区中单击"浏览"按钮，确定"块"将要保存的文件名和路径。单击"确定"按钮可将该块有内部块转换成外部块，并按输入的文件名和路径保存起来。

图3-4-54 "写快"对话框

温馨提示：

① 如果是直接将一组图形创建为外部块，则"源"区中选中"整个图形"单选按钮，再确定"基点"、"选择对象""文件名和路径"即可。

② 外部块的插入和内部块的插入方法一样，只是在弹出的"插入"对话框，"名称"区中要单击"浏览"按钮(图3-4-55)，按照外部块保存的路径和名称，选择需插入的外部块，并按输入的文件名和路径保存起来。

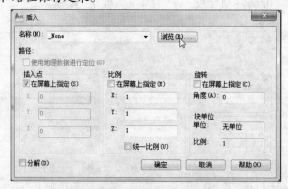

图3-4-55 单击"浏览"按钮

三、图纸打印

至此,我们已经掌握零件图绘制的整个过程,在工程实际中,剩下的就是将所绘图纸打印出来,下面就介绍打印方法。

通过"文件"→"打印"菜单或单击"菜单浏览器"按钮下拉菜单中的"打印"按钮或单击标题栏"快速访问工具栏"中的"打印"按钮,如图 3-4-56 所示,可以执行打印命令。

（a）菜单　　　　　　　（b）菜单浏览器　　　　　（c）快速访问工具栏

图 3-4-56　"打印"命令

【例6】　将本任务【例3】绘制的图纸用 A3 图纸打印出来

步骤:

① 单击"菜单如浏览器"按钮下拉菜单中的"打印"按钮,弹出"打印-模型"对话框如图 3-4-57 所示。

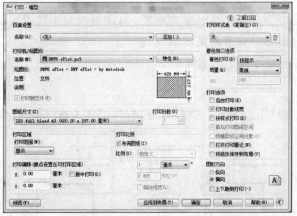

图 3-4-57　"打印-模型"对话框

需要设置的内容有：

"打印机/绘图仪"区：选择好打印机，例选择 [DWFx ePlot (XPS Compatible).pc3]。

"图纸尺寸"区：选择图纸的大小 [ISO A3 (420.00 x 297.00 毫米)]。

"打印区域"区："打印范围"选择"窗口"选项，如图 3-4-58 所示。

命令提示：

　　　指定第一个角点：(指定图框的一个对角点，如图 3-4-59 所示)

　　　指定对角点：(指定图框的另一个对角点，如图 3-4-59 所示)

图 3-4-58　选择"窗口"选项

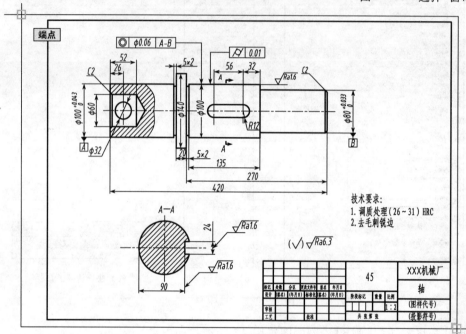

图 3-4-59　选定对焦点

"打印偏移"区：设置 X、Y 方向的偏移量均为 0。

"打印比例"区：选中"布满图纸"复选框。

"打印选项"区：选中"打印对象线宽"复选框(打印时根据图层设置的线宽打印线宽)。

"图形方向"区：根据图纸要求调整图纸为"横向"。

② 单击"确定"按钮即可打印出图纸。

练习题

1. 打开文件夹：素材\任务四技术要求\1 题，标注图 3-4-60 所示几何公差。

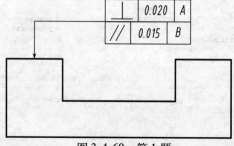

图 3-4-60　第 1 题

2. 将灯笼定义属性并创建为外部块,进行图 3-4-61 标注。

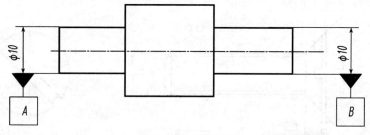

图 3-4-61 第 2 题

3. 将图 3-4-62 ~ 图 3-4-64 所示图形分别做成块文件。

(1)螺栓

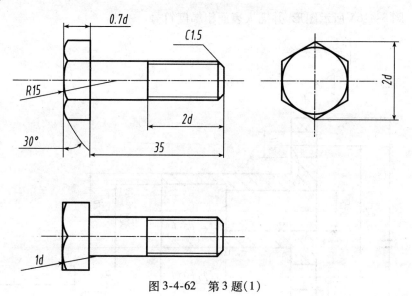

图 3-4-62 第 3 题(1)

(2)螺母、垫圈

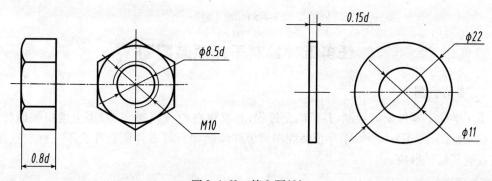

图 3-4-63 第 3 题(2)

（3）螺钉

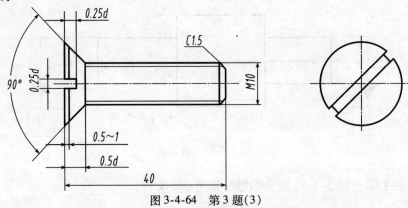

图 3-4-64　第 3 题（3）

4. 完成图 3-4-65 所示图形，并插入表面粗糙度符号。

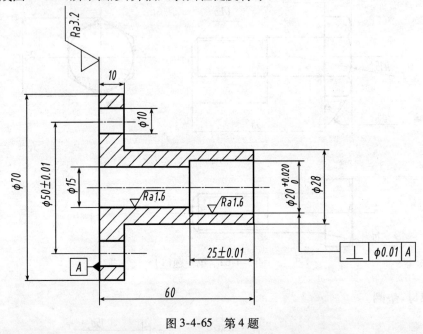

图 3-4-65　第 4 题

任务五　绘制千斤顶装配图

任务介绍

丁丁学会了零件图的绘制、打印的全过程，心里很高心，《机械制图》书上说机械图样有零件图和装配图，图 3-5-1 所示千斤顶装配图该怎样绘制呢？与零件图有什么不一样？这不，他又去找爸爸帮忙解决。

任务解析

装配图从绘图过程来说与零件图绘图过程是一样的，不同之处在于装配图表达的是多个零件，因此需要增加零件序号和明细栏，因此本任务主要学习以上技巧。

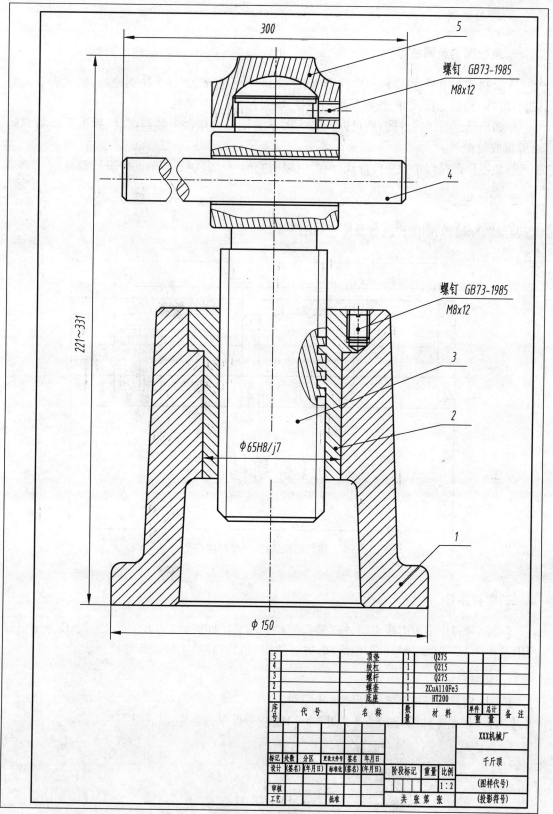

图 3-5-1　千斤顶装配图

187

相关知识

一、装配图的绘图技巧

① 绘制装配图时,可以根据零件图或装配图的尺寸直接按 1:1 比例绘制,如果需要再对其进行缩放,最后标注尺寸、技术要求和序号,填写标题栏、明细栏。

② 如果已经有了零件图,则可以按装配关系将图形直接拼为装配图,然后进行修剪和删除,编辑成装配图。

③ 如零件图是以单独文件形式存在,可以将它们一一复制到当前图中进行编辑。

二、明细栏

装配图标题栏、明细栏内容及尺寸如图 3-5-2 所示。

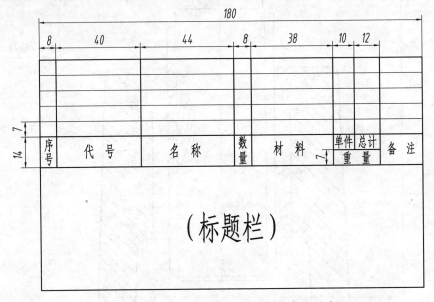

图 3-5-2 装配图标题栏、明细栏内容及尺寸

三、零件序号

零件序号是用多重引线引出,将"箭头"选择为"点"即可,具体方法在上一个任务中已经介绍,这里不再赘述。序号的引出原则,方法按照《机械制图》上国家标准执行。

任务实施

丁丁探索着怎样根据零件图绘制装配图。

【例】 根据零件图(图 3-5-3 ~ 图 3-5-7)绘制千斤顶的装配图(图 3-5-1)。

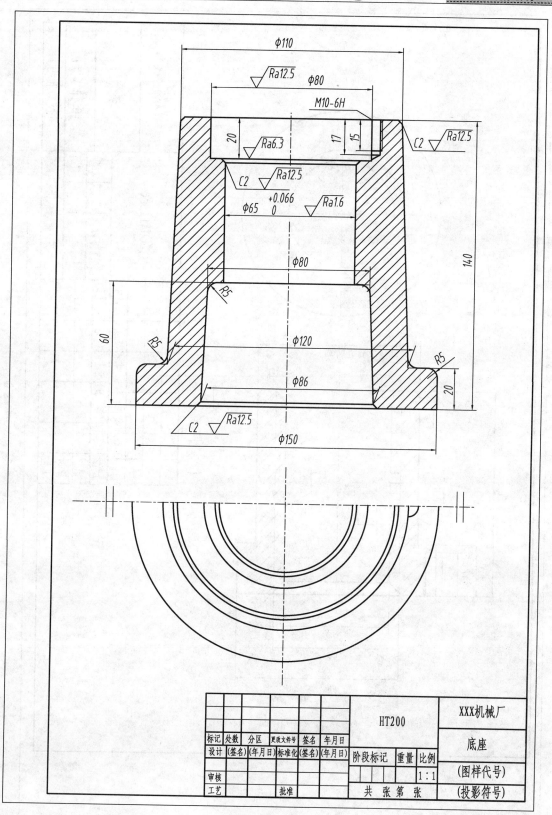

图 3-5-3 底座

189

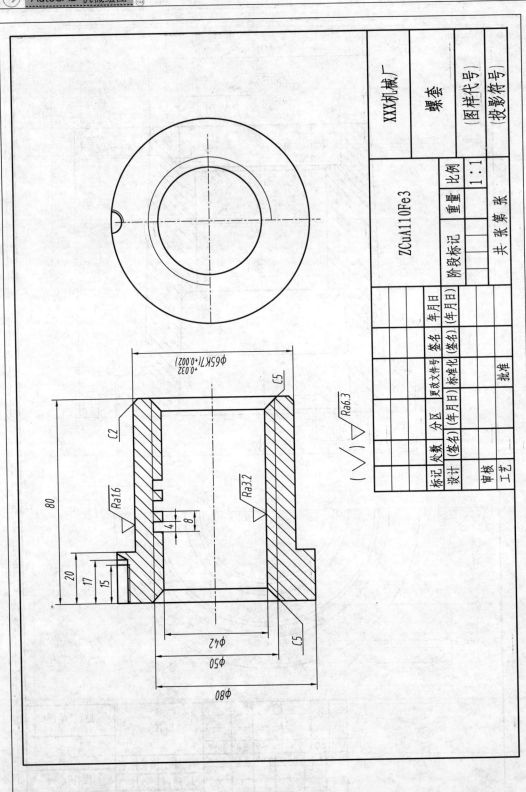

图3-5-4 螺套

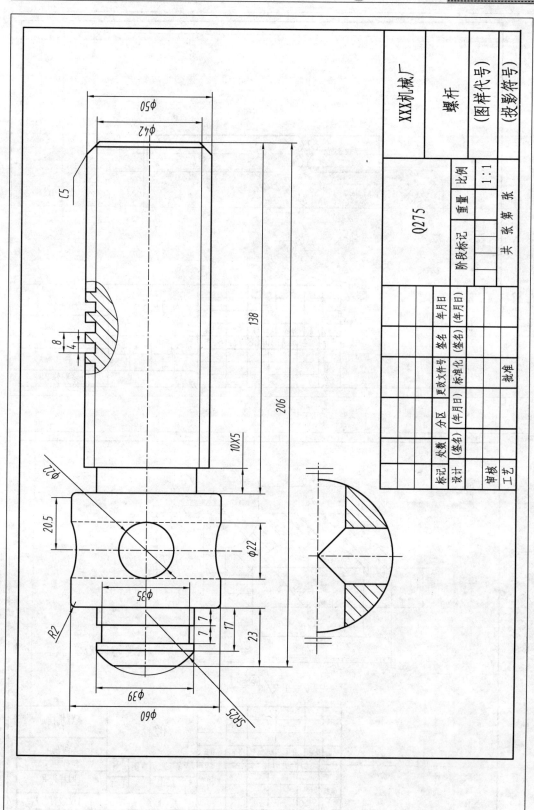

图3-5-5 螺杆

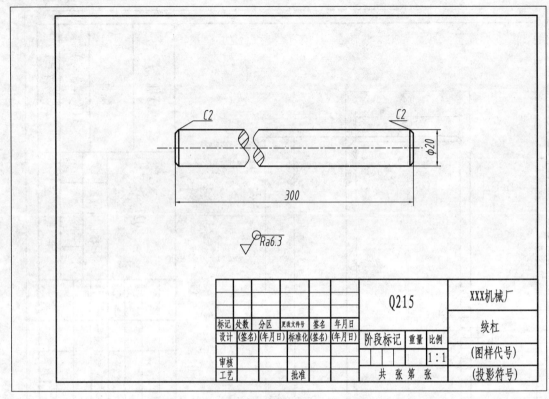

图 3-5-6 绞杠

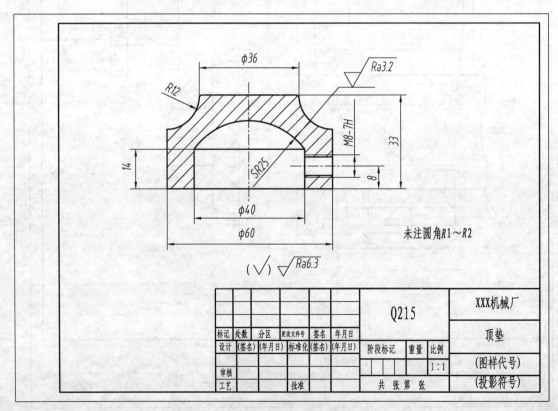

图 3-5-7 顶垫

步骤：

① 以"底座"这个文件为基础，将其他零件复制到底座这个文件中，通过旋转、修剪、删除等编辑，将所有零件按装配关系拼为装配图，如图 3-5-8 所示。

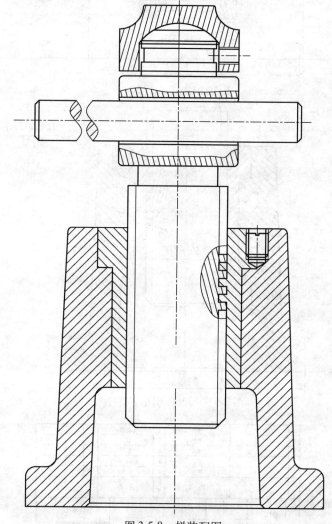

图 3-5-8　拼装配图

温馨提示：

① 因为本例零件图、装配图都是按 1：1 绘制，因此直接将复制过来的图拼接就可以，若零件图的比例与装配图的绘图比例不一致，需将零件图按装配图比例缩放后再拼接。

② 在装配图中，不同的零件需要用不同的剖面符号，再加上需要删除、修剪掉一些边，所以剖面符号的边界可能有小的调整，因此多数零件的剖面符号需要重新填充。

③ 零件图拼接在一起，一定要仔细观察，判断哪些线条需要删除、哪些需要修剪、哪些线条被遮挡住了不可见，特别是倒角、圆角等需要仔细观察、判断。

② 标注装配体的必要尺寸、技术要求等，并用多重引线引出零件序号，多重引线的"箭头"选择"点"的样式，如图 3-5-9 所示。

③ 调整、绘制标题栏并填写好标题栏和明细栏，如图 3-5-10 所示。

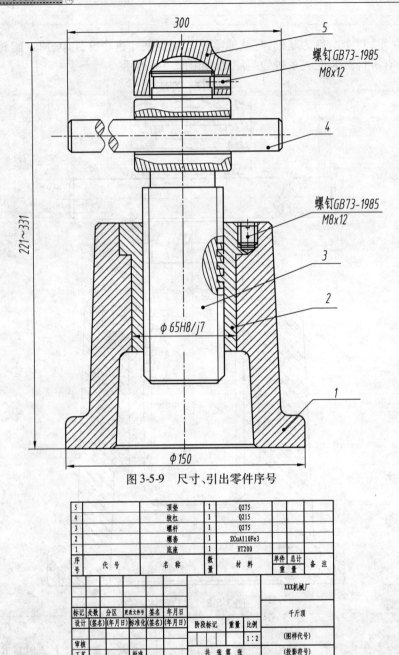

图 3-5-9 尺寸、引出零件序号

5		顶垫	1	Q275			
4		绞杠	1	Q215			
3		螺杆	1	Q275			
2		螺套	1	ZCuA110Fe3			
1		底座	1	HT200			
序号	代 号	名 称	数量	材 料	单件 总计 重量	备 注	
						XXX机械厂	
标记 处数 分区 更改文件号 签名 年月日						千斤顶	
设计 (签名)(年月日) 标准化 (签名)(年月日)			阶段标记	重量	比例		
审核					1:2	(图样代号)	
工艺		批准	共 张 第 张			(投影符号)	

图 3-5-10 填写标题栏和明细栏

装配图完成。

🔖 任务小结

本例主要学习了根据零件图绘制装配图,可以看出,难点就在于视图拼接的过程,因为零件多、线条复杂,因此需要耐心、细致,一丝不苟,不能操之过急。

📖 练习题

根据零件(图 3-5-11 ~图 3-5-14)绘制装配图(图 3-5-15)。

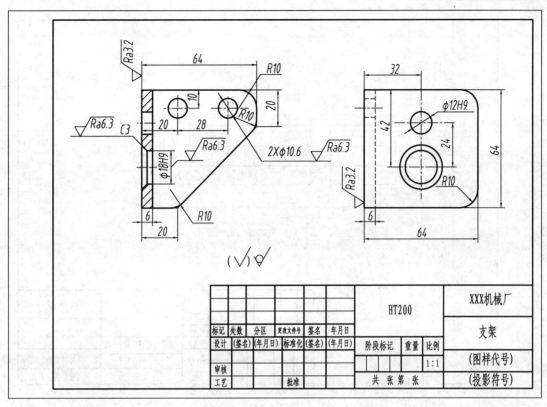

图 3-5-11

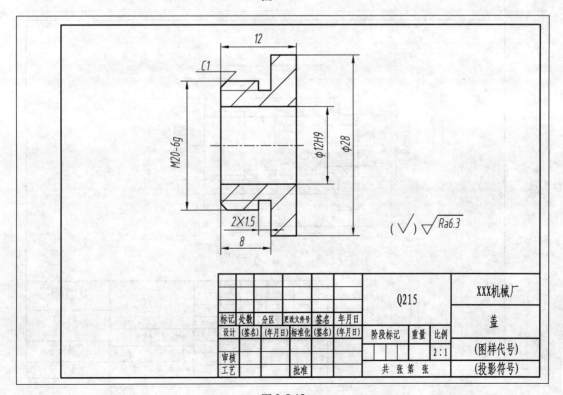

图 3-5-12

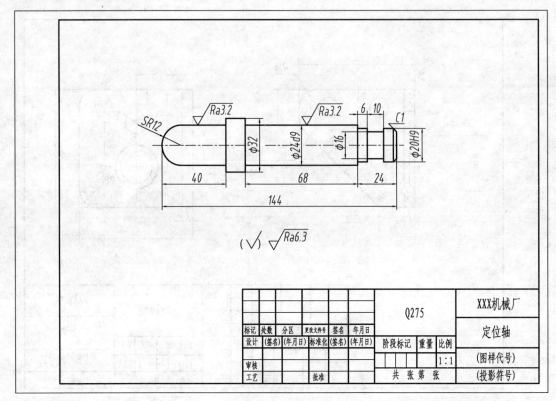

图 3-5-13

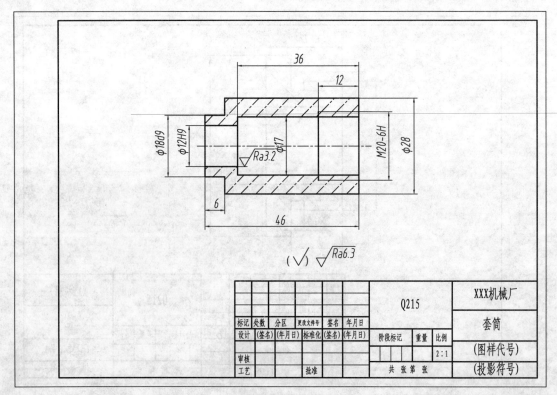

图 3-5-14

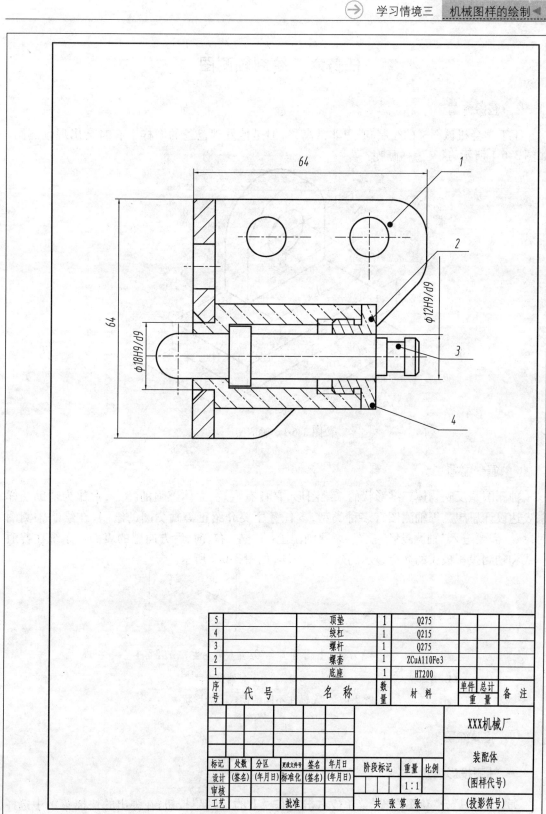

5		顶垫	1	Q275			
4		绞杠	1	Q215			
3		螺杆	1	Q275			
2		螺套	1	ZCuA110Fe3			
1		底座	1	HT200			
序号	代　号	名　称	数量	材　料	单件	总计	备注
					重量		

XXX机械厂

装配体

标记	处数	分区	更改文件号	签名	年月日		阶段标记	重量	比例	
设计	(签名)	(年月日)	标准化	(签名)	(年月日)				1:1	(图样代号)
审核										
工艺			批准				共　张　第　张			(投影符号)

图 3-5-15

任务六　绘制轴测图

任务介绍

丁丁学会机械图样的绘制,心里非常高兴,但是他发现爸爸的图样上有时会出现轴测图,如图 3-6-1 所示,这又怎样画呢?

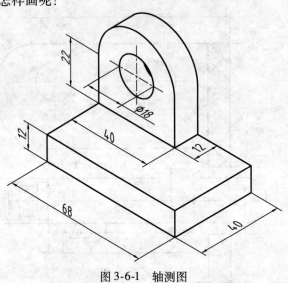

图 3-6-1　轴测图

任务解析

轴测图是反映物体三维形状的二维图形,它具有直观、立体感强的特点,常作为辅助图样来表达设计思想。等轴测图有多种类型,本任务主要介绍正等轴测图的绘制,在绘制轴测图时,系统需要进入"轴测投影"模式,以便画出上、下、左、右、前、后方向感的表面。系统在普通模式和轴测投影模式的光标显示的效果不一样,如图 3-6-2 所示。

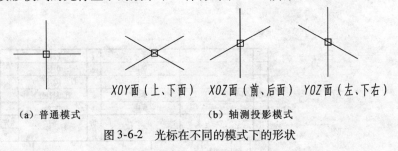

XOY面（上、下面）　XOZ面（前、后面）　YOZ面（左、下右）

（a）普通模式　　　　　　（b）轴测投影模式

图 3-6-2　光标在不同的模式下的形状

相关知识

一、轴测投影模式

通过"工具"→"草图设置"菜单或右击状态栏上的"捕捉"按钮,在弹出的快捷菜单中选择"设置"选项,就会弹出"草图设置"对话框,如图 3-6-3 所示。

在"捕捉和栅格"选项卡的"捕捉类型"区中,选中"栅格捕捉"选项,然后选中"等轴测捕捉"选项,单击"确定"按钮,返回绘图区,光标就变成了轴测模式。

（a）菜单

（b）面板

图 3-6-3　"草图设置"命令

温馨提示：

① 如果想要让轴测模式变为普通模式,在以上操作中在"草图设置"对话框"捕捉类型"区中选中"矩形捕捉"选项即可。

② 如图 3-6-4 所示,等轴测图除沿 X_1、Y_1、Z_1 轴方向距离可测外,其他方向均不能测量,轴向伸缩系数均为1。把空间平行于 Y_1OZ_1 平面的平面称为左面轴测,平行于 X_1OY_1 平面的平面称为上轴测面,平行于 X_1OZ_1 平面的平面称为右轴测面,按【F5】键可以按"等轴测平面左"、"等轴测平面上"和"等轴测平面右"顺序实现等轴测图面的转换。光标在不同轴测面中的形状如图 3-6-4

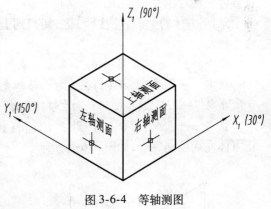

图 3-6-4　等轴测图

所示,绘图时可根据光标样式准确判断当前是在哪个轴测图中。轴测面间的交线称为轴测轴,轴测轴与 X 轴的夹角分别为 30°、90° 和 150°。

③ 为方便地绘制与轴测轴平行的直线,在轴测投影模式下,应关闭捕捉,打开正交捕捉和对象捕捉。

【例1】 绘制边长为 30 的正方体的等轴测图，如图 3-6-5 所示。

步骤：

① 绘制正方体的前面。将光标指示调整为右轴测面，单击"直线"按钮。

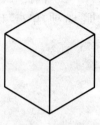

命令提示：

命令：_line 指定第一点：(屏幕上适当位置单击确定第一点，得图 3-6-6 中 1 点)

指定下一点或[放弃(U)]：(向右移动光标导向，输入 30↙，得图 3-6-6 中 2 点)

图 3-6-5 例 1 图

指定下一点或[放弃(U)]：(向上移动光标导向，输入 30↙，得图 3-6-6 中 3 点)

指定下一点或[闭合(C)/放弃(U)]：(c↙，得图 3-6-6 中 4 点)

指定下一点或[闭合(C)/放弃(U)]：(↙)

正方体前面绘制完毕，如图 3-6-6 所示。

② 绘制正方体的左面。按【F5】键，切换到左轴测面，单击"直线"命令按钮。

命令提示：

命令：_line 指定第一点：(单击 1 点)

指定下一点或[放弃(U)]：(向左移动光标导向，输入 30↙，得图 3-6-7 中 5 点)

指定下一点或[放弃(U)]：(向上移动光标导向，输入 30↙，得图 3-6-7 中 6 点)

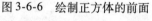

图 3-6-6 绘制正方体的前面

指定下一点或[闭合(C)/放弃(U)]：(向右移动光标导向，捕捉 4 点)

指定下一点或[闭合(C)/放弃(U)]：(↙)

正方体左面绘制完毕，如图 3-6-7 所示。

③ 绘制正方体的上面。按【F5】键，切换到上轴测面，单击"直线"按钮。

命令提示：

命令：_line 指定第一点：(单击 3 点)

指定下一点或[放弃(U)]：(向左移动光标导向，输入 30↙，得图 3-6-8 中 7 点)

指定下一点或[放弃(U)]：(向左移动光标导向，捕捉 6 点)

指定下一点或[闭合(C)/放弃(U)]：(↙)

正方体左面绘制完毕，如图 3-6-8 所示。

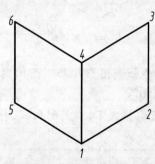

图 3-6-7 绘制正方体的左面

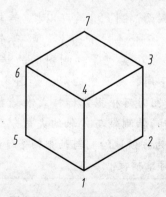

图 3-6-8 绘制正方体的上面

二、正等轴测图中圆的画法

圆和圆弧在正等轴测图中的投影分别为椭圆和椭圆弧,因此在正等轴测图中画圆需要椭圆命令,画圆弧需要椭圆弧命令(当然,有些椭圆弧也可以利用椭圆剪切得到)。

【例2】 绘制三个圆柱的等轴测图,要求轴线方向分别与三根轴测轴平行,半径为10,高为30,如图3-6-9所示。

步骤:

① 绘制轴线方向与轴测轴X_1平行的圆柱。

将光标指示调整为左轴测面(因为圆面在左侧),如图3-6-10所示。

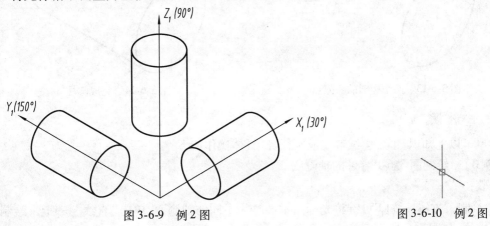

图3-6-9　例2图　　　　　　　　　　图3-6-10　例2图

单击"椭圆"按钮 ⬭。

命令提示:

指定椭圆轴的端点或[圆弧(A)/中心点(C)/等轴测圆(I)]:(I↙)

指定等轴测圆的圆心:(绘图区适当位置单击)

指定等轴测圆的半径或[直径(D)]:(10↙)

得到一个椭圆,如图3-6-11所示。

重复"椭圆"按钮 ⬭。

命令提示:

指定椭圆轴的端点或[圆弧(A)/中心点(C)/等轴测圆(I)]:(I↙)

指定等轴测圆的圆心:(捕捉上图椭圆的圆心,追踪30线,输入圆柱的高30↙)

指定等轴测圆的半径或[直径(D)]:(10↙)

得到两个椭圆,如图3-6-12所示。

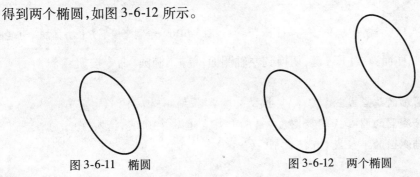

图3-6-11　椭圆　　　　　　　　　　图3-6-12　两个椭圆

单击"直线"按钮 ，将两个椭圆的象限点（图 3-6-13）连接起来，再单击"修剪"按钮 ，剪掉不可见的椭圆弧，即可完成圆柱（图 3-6-14）。

② 绘制轴线方向与轴测轴 Y_1、Z_1 平行的圆柱。

按【F5】键，分别切换到右轴测面和上轴测面，同样操作方法即可绘制另外两个方向的圆柱。

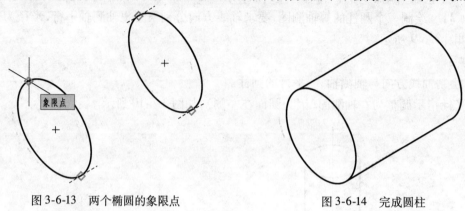

图 3-6-13　两个椭圆的象限点　　　　　图 3-6-14　完成圆柱

任务实施

学习了以上知识，丁丁尝试着完成本任务，具体操作如下：

【例 3】　绘制图 3-6-1 零件的轴测图。

步骤：

① 绘制长方体。按【F5】键将光标指示调整为不同的轴测面，单击"直线"按钮 ，绘制底座的长方体，如图 3-6-15 所示。

② 绘制竖板下方的长方体。按【F5】键将光标指示调整为不同的轴测面，单击"直线"按钮 ，绘制竖板下方长方体的一些轮廓线，如图 3-6-16 所示。

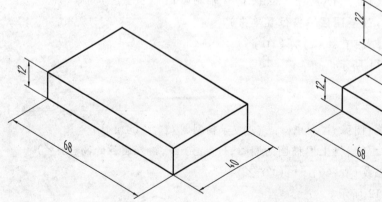

图 3-6-15　绘制长方体

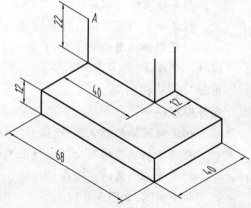

图 3-6-16　绘制竖板下方长方体的一些轮廓线

③ 绘制上半圆柱面。按【F5】键，切换到左轴测面，单击"椭圆"命令按钮 。

命令提示：

指定椭圆轴的端点或[圆弧(A)/中心点(C)/等轴测圆(I)]:(I↙)

指定等轴测圆的圆心:(捕捉图 3-6-16 中 A 点追踪 330 线，输入 20 ↙)

指定等轴测圆的半径或[直径(D)]:(9↙)

画出中心的小椭圆,如图3-6-17所示。

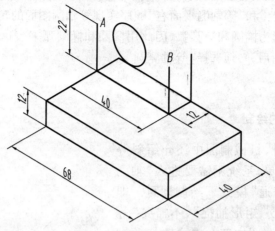

图3-6-17　中心的小椭圆

单击"椭圆弧"按钮 。

命令提示:

　　指定椭圆轴的端点或[圆弧(A)/中心点(C)/等轴测圆(I)]:(_A↙)

　　指定椭圆弧的轴端点或[中心点(C)/等轴测圆(I)]:(I↙)

　　指定等轴测圆的圆心:(点击椭圆的圆心)

　　指定等轴测圆的半径或[直径(D)]:(20↙)

　　指定起始角度或[参数(P)]:(单击图3-6-17中B点)

　　指定终止角度或[参数(P)/包含角度(I)]:(单击图3-6-17中A点)

该椭圆弧也可绘制完成椭圆后再通过剪切得到,如图3-6-18所示。

将椭圆和椭圆弧复制到右端面,并用直线连接椭圆弧的两个象限点,如图3-6-19所示。

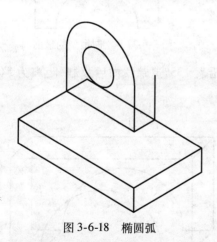

图3-6-18　椭圆弧

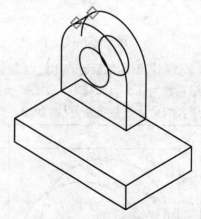

图3-6-19　直线连接椭圆弧的两个象限点

通过剪切掉多余的线条即可完成全图。

 任务小结

通过本任务的学习,我们主要掌握了以下技巧:

① 绘制轴测图时,必须确定需要绘制的线条在哪个轴测面上,按【F5】键可以按"等轴测平面左"、"等轴测平面上"和"等轴测平面右"顺序实现等轴测图面的转换。

② 轴测图中圆变形为椭圆和椭圆弧,因此用椭圆和椭圆弧来表达圆和圆弧,但是在单击"椭圆"或"椭圆弧"按钮后,必须选择"等轴测圆"。

拓展提高

一、斜二等轴测图的绘制

除了正等轴测图外,机械制图中还介绍斜等二轴测图,其画法较简单,系统不需要进入"轴测投影"模式,只要在"普通"模式下绘制即可。即光标的捕捉模式转换成"矩形捕捉",不需要"等轴测捕捉"。斜等二轴测图中三个轴测轴与 X 轴的夹角分别 $0°$、$90°$ 和 $135°$,如图 3-6-20 所示,X_1、Z_1 方向的轴向伸缩系数为 1,Y_1 方向的轴向伸缩系数为 0.5。

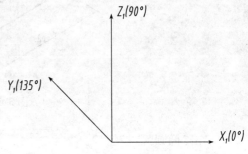

图 3-6-20　斜二等轴测图的三个轴测轴

【**例 4**】　绘制图 3-6-21 所示斜二等轴测图。

步骤:

① 绘制模型的最前面。用圆弧和直线命令绘制模型的最前面,如图 3-6-22 所示。

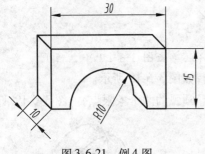

图 3-6-21　例 4 图

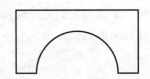

图 3-6-22　绘制模型的最前面

② 复制模型的最后面。用复制命令将图 3-6-22 沿着 $135°$ 追踪线向后复制,距离为 5(轴向伸缩系数为 0.5 因而减半),如图 3-6-23 所示。

用直线命令连接各条侧棱,如图 3-6-24 所示。

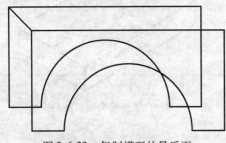

图 3-6-23　复制模型的最后面

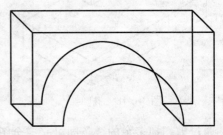

图 3-6-24　连接各条侧棱

修剪、删除多余的线条即可完成全图。

◆ 练习题

1. 绘制图 3-6-25 所示正等轴测图。

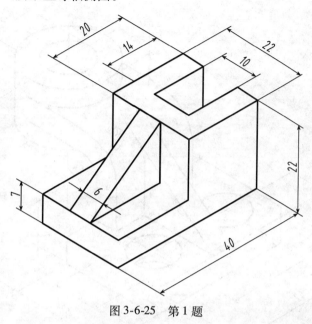

图 3-6-25　第 1 题

2. 绘制图 3-6-26 所示正等轴测图。

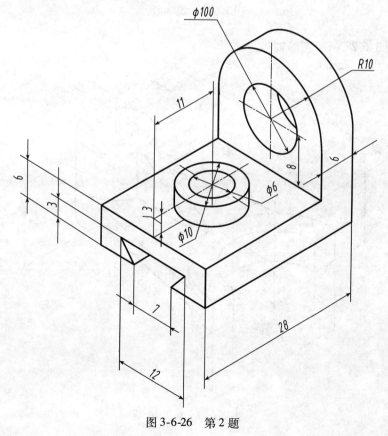

图 3-6-26　第 2 题

3. 绘制图 3-6-27 所示正等轴测图。

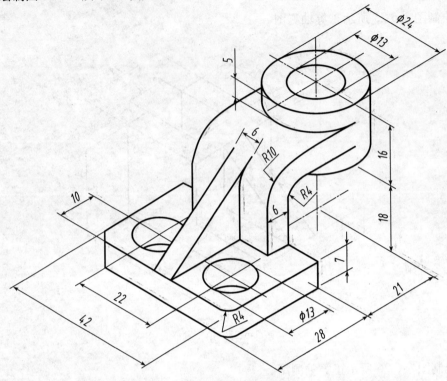

图 3-6-27　第 3 题

4. 绘制图 3-6-28 所示正等轴测图。

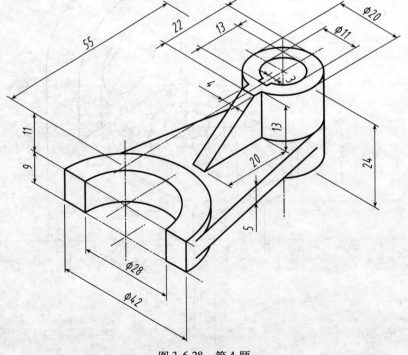

图 3-6-28　第 4 题

5. 绘制图 3-6-29 所示正等轴测图。

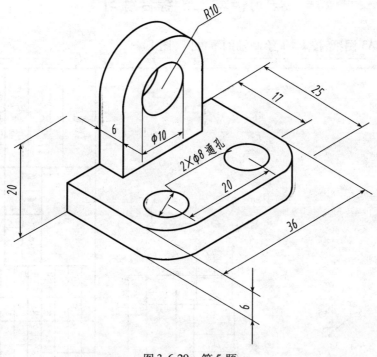

图 3-6-29　第 5 题

6. 绘制图 3-6-30 所示斜二等轴测图。

7. 绘制图 3-6-31 所示斜二等轴测图。

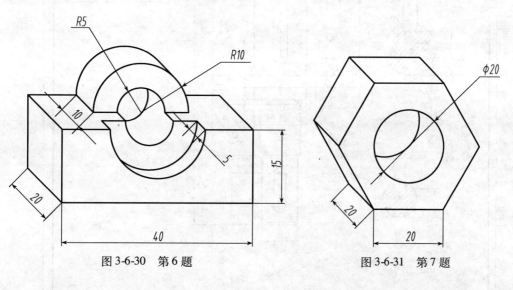

图 3-6-30　第 6 题　　　　　　图 3-6-31　第 7 题

学习情境三 综合练习

1. 打开横 A3 图纸,按 1 : 1 绘制轴的零件图(图 1)。

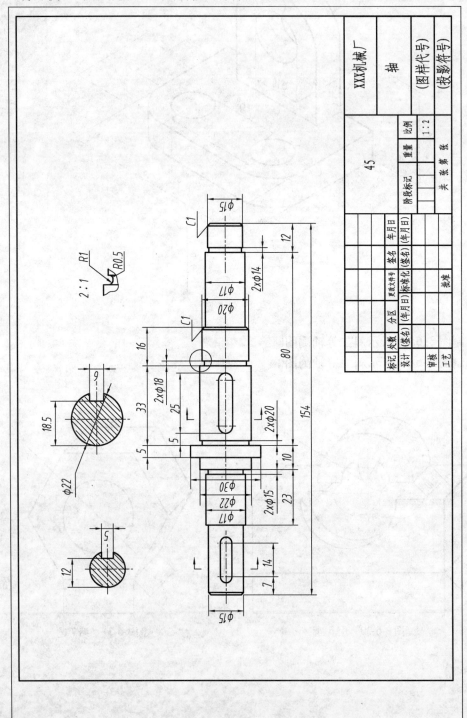

图1 第1题

2. 打开横 A4 图纸,绘制图 2。

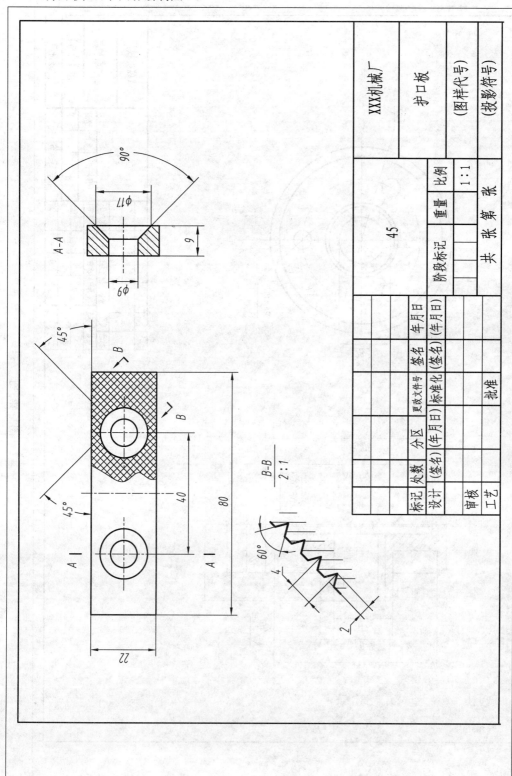

图2　第2题

3. 打开横 A4 图纸,按 1∶1 绘制左半联轴器(图3)。

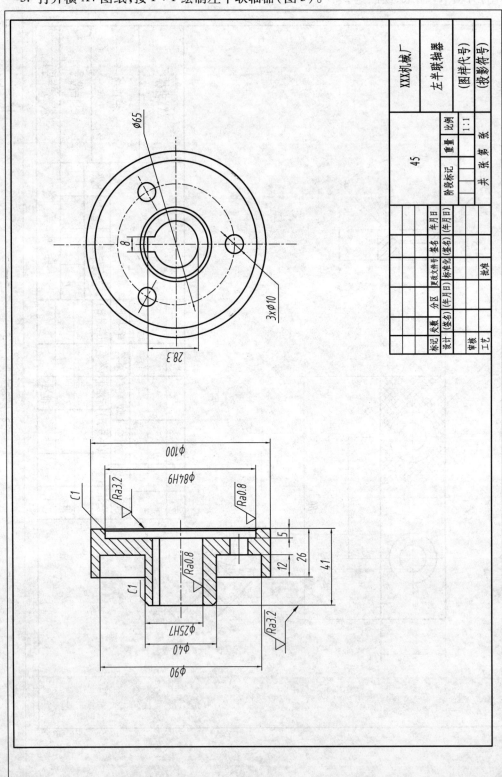

图3 第3题

4. 打开横 A4 图纸绘制图 4。

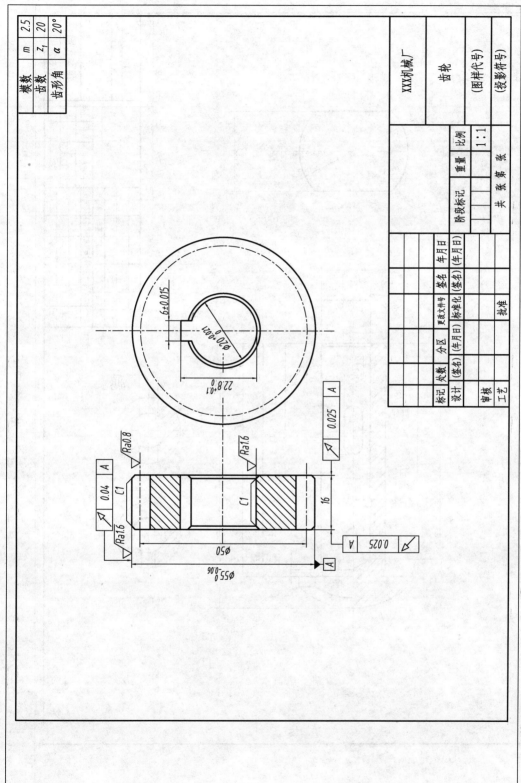

模数	m	2.5
齿数	z_1	20
齿形角	α	20°

XXX机械厂		齿轮		
		(图样代号)		
		(投影符号)		

图4 第4题

211

5. 打开横 A3 图纸绘制图 5。

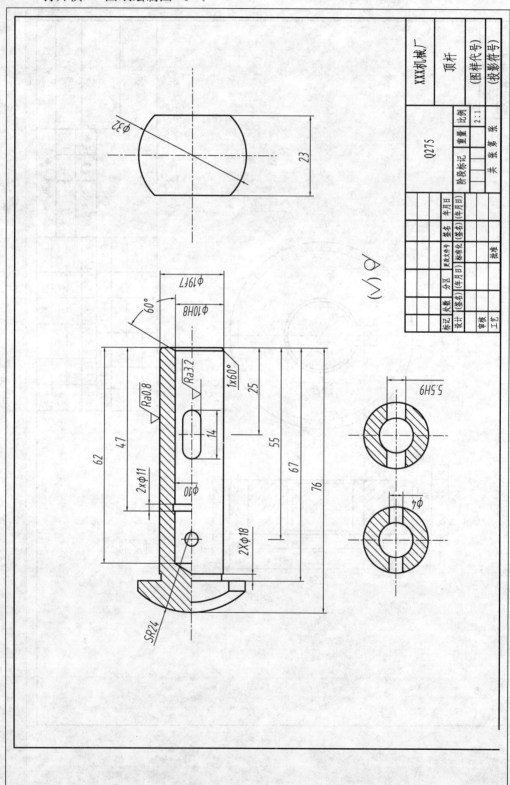

图5　第5题

6. 打开横 A3 图纸绘制图 6。

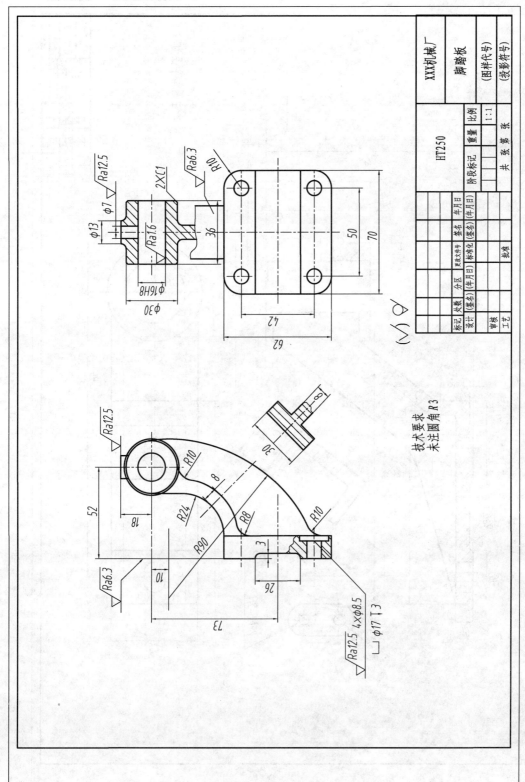

图6 第6题

7. 打开横 A3 图纸,按 1:1 绘制图 7 所示托架。

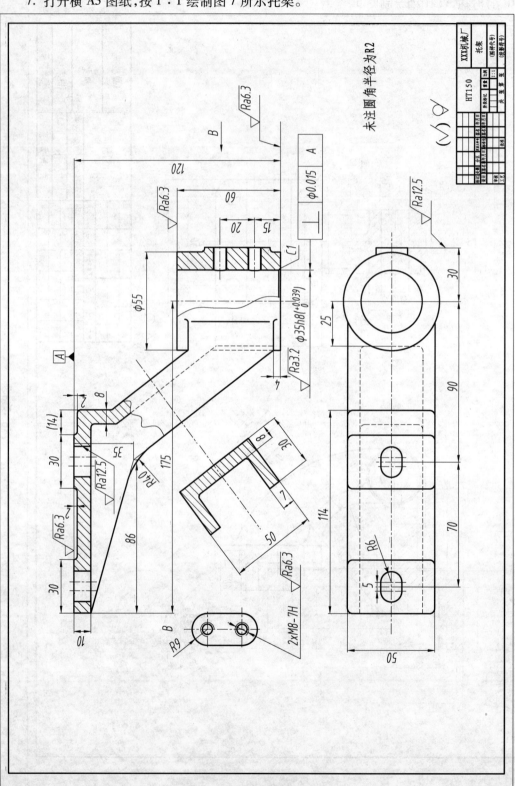

图7　第7题

8. 打开横 A3 图纸,按 1∶1 绘制图 8 所示泵体。

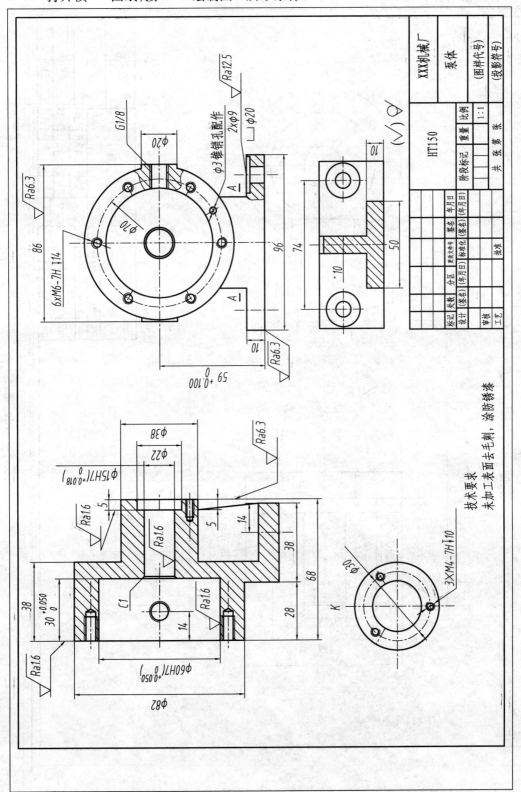

图8 第8题

215

9. 打开横 A3 图纸,按 1：1 绘制图 9 所示尾椎。

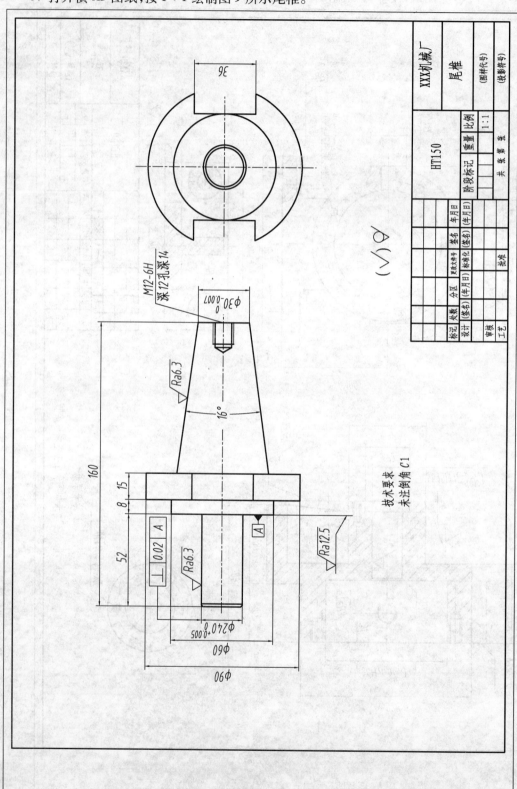

图9　第9题

216

学习情境四　三维实体造型

AutoCAD 除了有很强的二维绘图功能外,还有三维造型功能。利用它可以方便地创建长方体、球体、圆柱体、圆锥体等基本几何体,也可以通过拉伸、旋转、放样、扫掠等由二维对象创建三维实体,还可以通过编辑、布尔运算等命令完成复杂的实体造型。在 AutoCAD 中,可以利用线框模型、曲面模型和实体模型三种方式创建三维图形,丁丁跟爸爸学习的是实体模型造型。

 本情境学习任务

任务一　三维实体造型基础知识;
任务二　车轮的三维实体造型;
任务三　滚动轴承的三维实体造型;
任务四　齿轮的三维实体造型。

任务一　三维实体造型基础知识

任务介绍

要进行三维建模造型,必须进入"三维建模"空间,如图 4-1-1 所示,丁丁需要熟悉这个空间的界面组成及操作技巧。

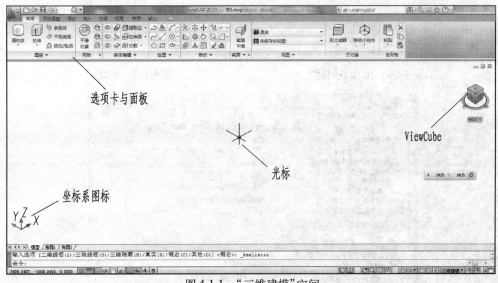

图 4-1-1　"三维建模"空间

任务解析

AutoCAD 的"三维建模"空间工作界面如图 4-1-1 所示,与"二维草图与注释"空间不同之处主要有选项卡与面板、坐标系图标、光标、ViewCube。

下面对其进行简要介绍,并介绍一些三维建模的一些操作技巧。

相关知识

一、"三维建模"空间与"二维草图与注释"空间工作界面的不同

1. 选项卡与面板

AutoCAD"三维建模"空间共有常用、网格建模、渲染、插入、注释、视图、管理和输出八个与三维建模相关的选项卡,如图 4-1-2 所示,每个选项卡又对应一些面板,每个面板有一些对应的命令按钮。单击选项卡,可显示对应的面板。例如图 4-1-2 显示的"常用"选项卡,它包括有建模、网格、实体编辑、绘图、修改、截面、视图、子对象和剪切板"等面板。

图 4-1-2　选项卡与面板

2. 坐标系图标

"三维建模"空间中的坐标系图标显示三维图标,如图 4-1-3 所示,包含了 X 轴、Y 轴、Z 轴三个方向。

3. 光标

缺省状态下,三维建模工作空间中的光标显示了 Z 轴,如图 4-1-4 所示。用户可以在"选项"对话框(图 4-1-5)中"三维建模"选项卡的"三维十字光标"区中控制是否在十字光标中显示 Z 轴以及坐标轴标签(即 X、Y、Z),效果如图 4-1-6 所示。

图 4-1-3　坐标系图标

图 4-1-4　光标

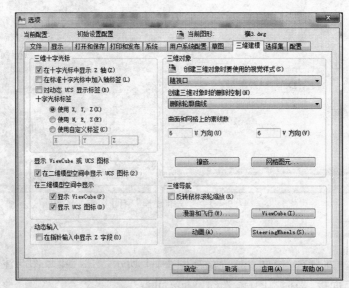

图 4-1-5　"选项"对话框

（a）不显示Z轴和坐标轴标签　（b）不显示Z轴,显示坐标轴标签　（c）显示Z轴,显示坐标轴标签　（d）显示Z轴,不显示坐标轴标签

图 4-1-6　十字光标不同的显示

4. ViewCube

ViewCube 是一个三维导航工具（图 4-1-7），它位于绘图区的右上角,利用它可以方便地将视图按不同的方位显示。

当鼠标在 ViewCube 上拖动时,ViewCube 旋转,对应的模型也随着旋转。单击 ViewCube 上的某一文字时,会立即切换到相对应的视点。如"上"对应着俯视图方向；"前"对应着主视图方向,单击"上、左、前"三字相交的顶点时对应着西南轴测图方向。

图 4-1-7　ViewCube

> **温馨提示:** 如果不特别说明,本学习情境工作空间都是三维建模空间。

二、三维建模中的常用操作

1. 图层设置

本书为了讲述方便,统一实体造型的颜色,对三维实体造型特创建一个"三维造型"图层,如图 4-1-8 所示（自己可以选择喜欢的颜色）。当然,也可以不设置图层,造型结束后通过修改实体的特性或赋予材质、渲染的方法调整实体的颜色效果。

2. 视觉样式

AutoCAD 的三维模型可以按二维线框、三维线框、三维隐蔽、概念、真实等视觉样式显示。图 4-1-9 是圆柱的不同视觉样式效果。

图 4-1-8　创建"三维造型"图层

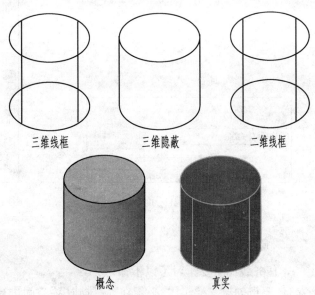

图 4-1-9　圆柱的不同视觉样式效果

219

通过"视图"→"视觉样式"菜单或在"常用"选项卡、"视图"面板的"视觉样式"下拉菜单中根据需要选择所需的视觉样式,如图 4-4-10 所示。

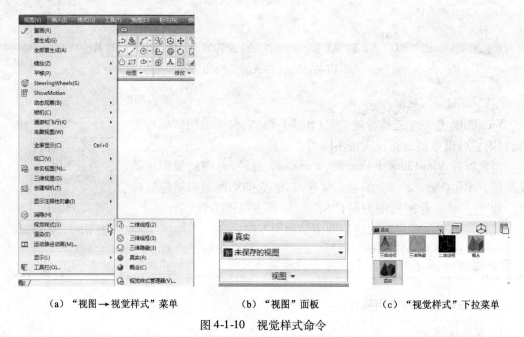

（a）"视图→视觉样式"菜单　　（b）"视图"面板　　（c）"视觉样式"下拉菜单

图 4-1-10　视觉样式命令

3. 视点

AutoCAD 除了用 ViewCube 定位视点(即观看方向)外,人们还经常使用"常用"选项卡"视图"面板(图 4-1-11)中的"三维导航"(图 4-4-12)下拉菜单快速选择一些特殊的视点。

图 4-1-11　"视图"面板

图 4-1-12　"三维导航"下拉菜单

🔖 任务小结

本任务我们主要学习了以下知识:

① 要想创建三维实体,必须在"三维建模"空间进行。

② "三维建模"空间与"二维草图与注释"空间有差别,要注意二者的区别。

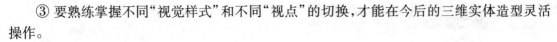

③ 要熟练掌握不同"视觉样式"和不同"视点"的切换,才能在今后的三维实体造型灵活操作。

练习题

1. 进入"三维建模"空间,通过"选项"对话框变换光标的不同样式,最后将光标的样式定为。

2. 打开文件夹:素材\任务一　三维实体造型\2 题,利用不同视觉样式观察齿轮的三维实体。

3. 打开文件夹:素材\任务一　三维实体造型\3 题,利用不同视点观察齿轮的三维实体。

任务二　车轮的三维实体造型

任务介绍

丁丁偶然翻出儿时的小玩具车,看到车轮很漂亮如图 4-2-1 所示,测量得到车轮数据如图 4-2-2所示,他想:我能利用 AutoCAD 做出它的三维实体造型吗?

图 4-2-1　车轮模型

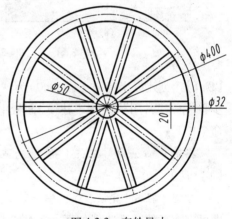

图 4-2-2　车轮尺寸

任务解析

要制作以上车轮,需要运用"常用"选项卡"建模"面板的"球体"命令做出车轮的中心;用"圆环体"做出车轮外圈;用"圆柱体"做出一个辐条;用"三维阵列"阵列出 10 根辐条,用 UCS 命令进行坐标系的转换,视觉样式为"真实"。

相关知识

一、基本几何体的创建

对于基本几何体(包括长方体、圆柱体、圆锥体、球体、棱锥体、楔体、圆环体)的创建,通过"绘图"→"建模"菜单或选择"常用"选项卡的"建模"面板等,如图 4-2-3 所示,单击想创建基本几何体的按钮,可以执行相应几何体的创建。

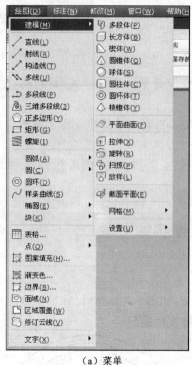

（a）菜单

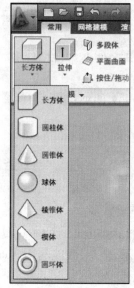

（b）面板

图 4-2-3　建模命令

【例1】　创建以坐标原点(0,0,0)为球心,半径为50的球体,如图4-2-4所示。

步骤:单击"常用"选项卡"建模"面板中的"球体"按钮 。

命令提示:

指定中心点或[三点(3P)/两点(2P)/相切、相切、半径 (T)]:(0,0,0↙)

指定半径或[直径(D)]:(50↙)

即可完成球体三维造型如图4-2-4所示(视觉样式为"真实",视点为"西南轴测图")。

图4-2-4　例1图

【例2】　创建以坐标原点(0,0,0)为中心,圆环半径为100,圆管半径为5的圆环体,如图4-2-5所示。

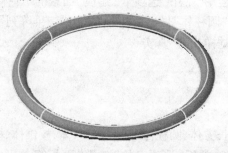

图 4-2-5　例2图

步骤:单击"常用"选项卡"建模"面板中的"圆环体"按钮  。

命令提示:

　　指定底面的中心点或[三点(3P)/两点(2P)/相切、相切、半径(T)/椭圆(E)]:(0,0,0✓)

　　　指定半径或[直径(D)]:(100✓)

　　　指定圆管半径或[两点(2P)/直径(D)]:(5✓)

即可完成圆环体的三维造型如图4-2-5所示(视觉样式为"真实",视点为"西南轴测图")。

【例3】　创建以坐标原点(0,0,0)为中心,底面半径为50,高为80的圆柱体,如图4-2-6所示。

步骤:单击"常用"选项卡"建模"面板中的"圆柱体"按钮 。

命令提示:

　　指定中心点或[三点(3P)/两点(2P)/相切、相切、半径(T)]:(0,0,0✓)

　　　指定底面半径或[直径(D)]:(50✓)

　　　指定高度或[两点(2P)轴端点(A)]:(80✓)

即可完成圆柱体的三维造型如图4-2-6所示(视觉样式为"真实",视点为"西南轴测图")。

图4-2-6　例3图

二、UCS坐标系

【例3】中圆柱的轴线方向为上下方向,如果我们想创建轴线方向为左右方向或前后方向的圆柱,那又怎样创建呢?

在创建实体时,系统默认的高度为Z轴方向,许多需要变换坐标轴向、坐标原点的需求,都是通过用户坐标系(UCS)来变换。

在AutoCAD中,坐标系包括世界坐标系(WCS)和用户坐标系(UCS)两种类型。世界坐标系是系统默认的二维图形坐标系,它的原点及各坐标轴的方向固定不变,因而不能满足三维建模的需要。用户坐标系是通过变换坐标系原点及坐标轴方向形成的,用户可根据需要任意更改坐标系原点及坐标轴方向。用户坐标系主要应用于三维模型的创建。

通过"工具"→"新建UCS"菜单或选择"视图"选项卡"坐标"面板,如图4-2-7所示,用户可根据需要任意更改坐标系原点及坐标轴方向等。

在AutoCAD中,对于简单的三维建模,最常用到图4-2-7坐标面板中的四个按钮 ,它们的功能分别是绕X轴旋转用户坐标系、绕Y轴旋转用户坐标系、绕Z轴旋转用户坐标系和通过移动原点来定义新的用户坐标系。其中,绕三根轴的旋转可以是任意的角度,原点也可以移动到用户想要到达的任意一点。

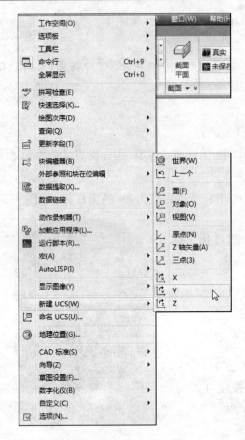

（a）菜单

（b）面板

图 4-2-7　UCS 坐标系命令

【例4】　创建以坐标原点(0,0,0)为中心,底面半径为50,高为80,轴线方向为左右方向的圆柱体,如图 4-2-8 所示。

步骤:

① 单击"常用"选项卡"视图"面板中"视点下拉菜单"的"西南轴测图"按钮,观察三个坐标轴的方向如图 4-2-9 所示,单击"视图"选项卡"坐标"面板中的按钮⊡。

命令提示:

　　指定绕 Y 轴的旋转角度 <90 >:(✓)

此时三坐标轴的方向变成图 4-2-10 方向,即 Z 轴方向变成了左右方向。

图 4-2-8　轴线方向为
左右方向的圆柱

图 4-2-9　Z 轴方向为上下方向

图 4-2-10　Z 轴方向为左右方向

② 单击"常用"选项卡"建模"面板中的"圆柱体"按钮 。

命令提示：

指定中心点或[三点(3P)/两点(2P)/相切、相切、半径(T)]:(0,0,0✓)

指定底面半径或[直径(D)]:(50✓)

指定高度或[两点(2P)轴端点(A)]:(80✓)

即可完成图4-2-8圆柱体的创建。

> **温馨提示**：在UCS坐标系中绕*X*、*Y*、*Z*三根轴旋转的角度顺时针为正，逆时针为负。

【例5】　创建以坐标原点(0,0,0)为中心,底面半径为50,高为200,轴线方向为前后方向的圆柱体,如图4-2-11所示。

步骤：

① 单击"常用"选项卡"视图"面板中的"西南轴测图"按钮,观察三个坐标轴的方向如图4-2-9所示,单击"视图"选项卡"坐标"面板中的按钮 。

命令提示：

指定绕X轴的旋转角度<90>:(-90✓)

此时三坐标轴的方向变成图4-2-12方向,即*Z*轴方向变成了前后方向。

图4-2-11　轴线方向为前后方向的圆柱　　　图4-2-12　*Z*轴方向为前后方向

② 单击"常用"选项卡"建模"面板中的"圆柱体"按钮 。

命令提示：

指定中心点或[三点(3P)/两点(2P)/相切、相切、半径(T)]:(0,0,0✓)

指定底面半径或[直径(D)]:(50✓)

指定高度或[两点(2P)轴端点(A)]:(200✓)

即可完成图4-2-11圆柱体的创建。

【例6】　将【例5】中UCS坐标原点由圆柱的前端面中心如图4-2-11移至前端面的最上象限点,且坐标轴绕*X*轴旋转90°,如图4-2-13所示。

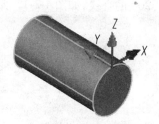

步骤：

① 单击"视图"选项卡"坐标"面板中的按钮 。

命令提示：

指定新原点<0,0,0>:(单击圆柱前端面的最上象限点)

完成坐标原点的移动。

图4-2-13　例6图

② 单击"视图"选项卡中"坐标"面板中的按钮 。

命令提示：

指定绕X轴的旋转角度<90>:(✓)

完成坐标轴绕*X*轴旋转90°。

225

温馨提示：

　　若由当前的用户坐标系想回到世界坐标系，则直接单击"坐标"面板中的世界坐标按钮 🔲 即可。

三、阵列

在 AutoCAD 中，可以将某一对象进行行、列、层数目以及它们之间的距离控制的矩形阵列复制，也可以以一条中心线为轴线，进行控制数目的环形阵列复制。

通过"修改"→"三维操作"→"三维阵列"菜单或选择"常用"选项卡"修改"面板中的"三维阵列"按钮 ⊞ 等，如图4-2-14所示，可以执行三维阵列。

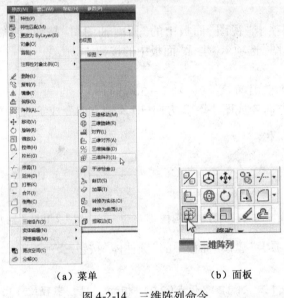

（a）菜单　　　　　　　　　（b）面板

图 4-2-14　三维阵列命令

【例7】　将【例4】中的圆柱体进行环形阵列，阵列数目为6个，阵列中心轴线为距离 X 轴200的直线，如图4-2-15所示。

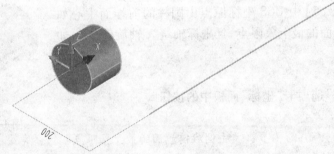

图 4-2-15　阵列对象及中心轴线

步骤：

① 单击"常用"选项卡"修改"面板中的"三维阵列"按钮 ⊞。

命令提示:

　　选择对象:(选择圆柱体)

　　选择对象:(↙)

　　输入阵列类型[矩形(R)/环形(P)]<矩形>:(P↙)

　　输入阵列中的项目数目:(6↙)

　　指定要填充的角度(+=逆时针,-=顺时针)<360>:(↙)

　　指定阵列的中心点:(点击中心线的一个端点↙)

　　指定旋转轴上的第二点:(指单击中心线的另一个端点↙)

② 执行结果如图 4-2-16 所示。

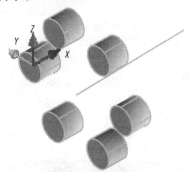

图 4-2-16　执行结果

【例 8】 将【例 4】中的圆柱体进行矩形阵列,其中行数为 3、列数为 4、层数为 5;行间距为、列间距、层间距均为 200,如图 4-2-17 所示。

步骤:单击"常用"选项卡"修改"面板中的"三维阵列"按钮⊞。

命令提示:

　　选择对象:(选择圆柱体)

　　选择对象:(↙)

　　输入阵列类型[矩形(R)/环形(P)]<矩形>:(R↙)

　　输入行数(---)<1>:(3↙)

　　输入列数(|||)<1>:(4↙)

　　输入层数(...)<1>:(5↙)

　　输入行间距(---)<1>:(200↙)

　　输入列间距(|||)<1>:(200↙)

　　输入层间距(...)<1>:(200↙)

图 4-2-17　例 8 图

完成图 4-2-17 矩形阵列。

⊛ **任务实施**

学习了以上知识,丁丁顿悟,作出了图 4-2-1 所示车轮。

【例 9】 按尺寸要求完成车轮的三维实体造型。

步骤:

① 作车轮外圈:单击"常用"选项卡"建模"面板中的"圆环体"按钮◎ 圆环体。

命令提示：

指定底面的中心点或[三点(3P)/两点(2P)/相切、相切、半径(T)/椭圆(E)]：（鼠标在屏幕上任意单击一点作为中心点）

指定半径或[直径(D)]：（200 ↙）

指定圆管半径或[两点(2P)/直径(D)]：（16 ↙）

完成车轮外圈制作。

② 作车轮中心：单击"常用"选项卡"建模"面板中的"球体"按钮 。

命令提示：

指定中心点或[三点(3P)/两点(2P)/相切、相切、半径(T)]：（单击圆环的中心为球心）

指定半径或[直径(D)]：（25 ↙）

结果如图 4-2-18 所示。

③ 作车轮辐条：单击"视图"选项卡"坐标"面板中的按钮，使 Z 轴方向变成左右方向。

命令提示：

指定绕 Y 轴的旋转角度 <90 >：（↙）

单击"常用"选项卡"建模"面板中的"圆柱体"按钮。

命令提示：

指定中心点或[三点(3P)/两点(2P)/相切、相切、半径(T)]：（单击上一步骤中的球心）

指定底面半径或[直径(D)]：（10 ↙）

指定高度或[两点(2P)轴端点(A)]：（200 ↙）

结果如图 4-2-19 所示。

图 4-2-18 车轮中心

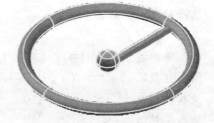

图 4-2-19 车轮辐条

④ 将辐条阵列：单击"常用"选项卡"修改"面板中的"三维阵列"按钮。

命令提示：

选择对象：（选择辐条）

选择对象：（↙）

输入阵列类型[矩形(R)/环形(P)] <矩形 >：（P↙）

输入阵列中的项目数目：（10 ↙）

指定要填充的角度(+ =逆时针, − =顺时针) <360 >：（↙）

指定阵列的中心点：（单击球心）

　　指定旋转轴上的第二点:(向上方向引出任意一点)

结果如图 4-2-1 所示。

任务小结

通过制作车轮三维实体造型,我们主要学习了以下知识

① 基本几何体的三维实体造型方法;

② 用户坐标系(UCS)中坐标轴方向和原点移动的变换;

③ 三维实体的三维阵列操作。

　　其中,熟练掌握 UCS 坐标系的变换,达到按造型需要灵活变换的坐标轴方向和坐标原点位置,是在三维实体造型中一个重要是操作技巧。

拓展提高

一、其他基本几何体的创建

　　前面学习了圆柱、圆环体、球体的实体创建,下面我们学习长方体、圆锥体、棱锥体及楔体的创建。

【例 10】 创建如图 4-2-20 所示长方体(长 50,宽 30,高 10)。

步骤:单击"常用"选项卡"建模"面板中的"长方体"按钮🔲长方体。

命令提示:

　　　　指定第一个角点或[中心(C)]:(0,0,0✓)

　　　　指定其他角点或[立方体(C)/长度(L)]:(L✓)

　　　　指定长度:(50✓)

　　　　指定宽度:(30✓)

　　　　指定高度或[两点(2P)]:(10✓)

完成图 4-2-20 长方体的创建。

图 4-2-20　例 10 图

【例 11】 创建如图 4-2-21 所示圆锥(底圆半径为 30,高为 70)。

步骤:单击"常用"选项卡"建模"面板中的"圆锥"按钮△圆锥体。

命令提示:

　　　　指定底面的中心点或[三点(3P)/两点(2P)/切点、切点、半径(T)/椭圆(E)]:(单击绘图区任意一点)

　　　　指定底面半径或[直径(D)]:(30✓)

　　　　指定高度或[两点(2P)/轴端点(A)/顶面半径(T)] <100.0000 >:(70✓)

完成图 4-2-21 圆锥体的创建。

图 4-2-21　例 11 图

229

【例 12】 创建如 4-2-22 所示正四棱锥(长 50,宽 30,高 10)。

步骤:单击"常用"选项卡"建模"面板中的"圆锥"按钮△圆锥体。

命令提示:

    指定底面的中心点或[边(E)/侧面(S)]:(S✓)

    输入侧面数 <5 >:(4✓)

    指定底面的中心点或[边(E)/侧面(S)]:(E✓)

    指定边的第一个端点:(单击绘图区任意一点)

    指定边的第二个端点:(40✓)

    指定高度或[两点(2P)/轴端点(A)/顶面半径(T)] <70.0000 >:(70✓)

完成图 4-2-22 正四棱锥的创建。

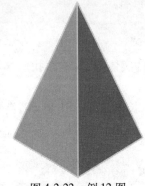

图 4-2-22 例 12 图

【例 13】 创建长、宽、高分别为 150、60 和 100 的楔体,如图 4-2-23 所示。

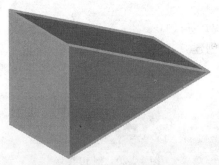

图 4-2-23 例 13 图

步骤:单击"常用"选项卡"建模"面板中的"楔体"按钮△楔体。

命令提示:

    指定第一个角点或[中心(C)]:(单击绘图区任意一点)

    指定其他角点或[立方体(C)/长度(L)]:(L✓)

    指定长度 <0.0000 >:(150✓)

    指定宽度 <0.0000 >:(60✓)

    指定高度或[两点(2P)] <0.0000 >:(100✓)

完成图 4-2-23 楔体的创建。

练习题

1. 已知珠环的尺寸，创建三维实体如图 4-2-24 所示。

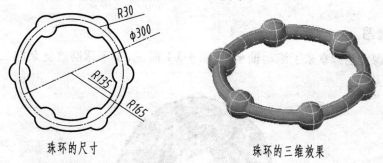

珠环的尺寸　　　　　　　　珠环的三维效果

图 4-2-24　第 1 题

2. 用创建长方体、楔体的命令创建图 4-2-25 所示实体。

3. 用创建圆柱、圆锥的命令创建铅笔实体（直径为 12，圆柱高 100，圆锥高 20），如图 4-2-26 所示。

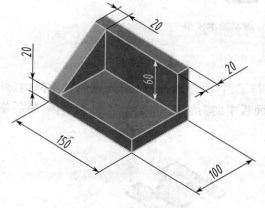

图 4-2-25　第 2 题

图 4-2-26　第 3 题

4. 创建图 4-2-27 所示实体。

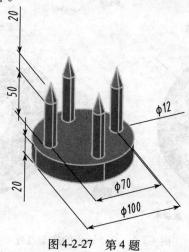

图 4-2-27　第 4 题

任务三　滚动轴承的三维实体造型

任务介绍

机械基础课上老师拿来了滚动轴承,如图 4-3-1 所示,丁丁琢磨这复杂的三维实体,该怎样造型呢?

图 4-3-1　滚动轴承模型

任务解析

要创建这个模型,光靠基本几何体就不行了,它的创建方法是绘制滚动轴承的内、外圈和滚动体的断面,创建面域,然后利用"建模"面板中的"旋转",生成所需的回转体,最后将滚动体三维环形阵列即可,如图 4-3-2 所示。

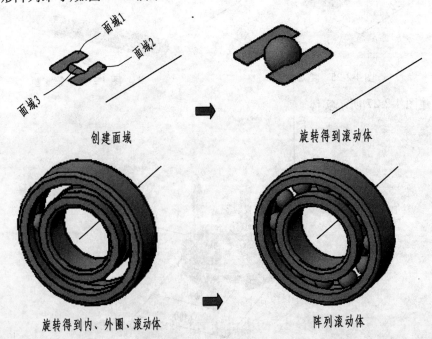

图 4-3-2　滚动轴承的造型过程

🏭 **相关知识**

旋转

旋转是指将二维封闭对象（多段线或面域）绕轴旋转来创建三维实体的方法。

通过"绘图"→"建模"→"旋转"菜单或单击"常用"选项卡"建模"面板中的"旋转"按钮🎡等，如图 4-3-3 所示，可以执行旋转命令。

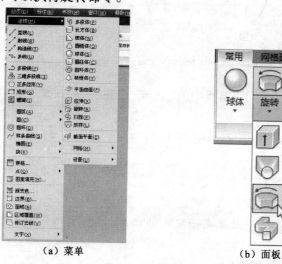

（a）菜单　　　　　　　　　（b）面板

图 4-3-3　"旋转"命令

【例1】　根据图 4-3-4 所给尺寸创建手柄的三维实体（图 4-3-5）。

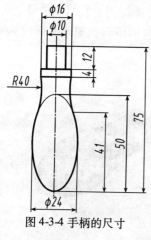

图 4-3-4 手柄的尺寸

图 4-3-5 手柄模型

步骤：

① 单击 ViewCube，使其视点为"上"（即俯视图方向，如图 4-3-6 所示）。

② 单击"常用"选项卡"绘图"面板中的"直线"按钮✏、"椭圆"按钮⬭和"圆弧"按钮◝，按照图 4-3-4 所示尺寸绘制手柄的二维轮廓线，画图过程如图 4-3-7 所示。

图 4-3-6　ViewCube

233

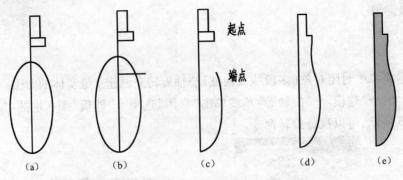

图 4-3-7　手柄的二维轮廓线绘制过程

③ 单击"常用"选项卡"绘图"面板中的"面域"按钮⌷，将所画二维线框创建为面域，如图 4-3-7(e)所示。

④ 单击"常用"选项卡"建模"面板中的"旋转"按钮⌷。

命令提示：

　　选择要旋转的对象：(单击创建好的面域)

　　选择要旋转的对象：(↙)

　　指定轴起点或根据以下选项之一定义轴 [对象(O)/X/Y/Z] <对象>：(单击中线上的一个端点)

　　指定轴端点：(单击中线上的另一个点)

　　指定旋转角度或 [起点角度(ST)] <360>：(↙)

完成创建，如图 4-3-8(a)所示。

⑤ 选择视点为"西南轴测图"，效果如图 4-3-8(b)所示，选择视觉样式为"概念"，并单击三维实体，在弹出的"快捷特性"(图 4-3-9)中选择适合的颜色即可得到图 4-3-8(c)效果。

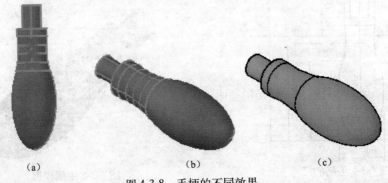

图 4-3-8　手柄的不同效果

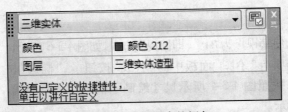

图 4-3-9　选择适合的颜色

任务实施

学会了手柄的创建,丁丁很快完成了滚动轴承的三维造型。

【例2】 按图4-3-10尺寸要求完成滚动轴承的三维实体造型,滚动体有16个。

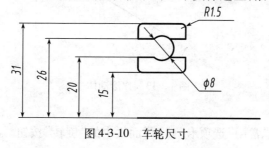

图4-3-10 车轮尺寸

步骤:

① 单击ViewCube,使其视点为"上"(即俯视图方向,如图4-3-6所示)。

② 画滚动轴承断面的二维轮廓线:单击"常用"选项卡"绘图"面板中的"直线"按钮⟋、"圆"按钮⊙和"圆角"按钮⌐,按照图4-3-10所示尺寸绘制滚动轴承断面的二维轮廓线,如图4-3-11所示。

③ 创建面域:单击"常用"选项卡"绘图"面板中的"面域"按钮◎,将所画二维线框创建出三个面域,如图4-3-12所示。

图4-3-11 绘制二维轮廓线

图4-3-12 创建面域

④ 作滚动体:选择视点为"西南轴测图",单击"常用"选项卡"建模"面板中的"旋转"按钮◎。

命令提示:

选择要旋转的对象:(单击中间半圆的面域)

选择要旋转的对象:(↙)

指定轴起点或根据以下选项之一定义轴[对象(O)/X/Y/Z]<对象>:(单击半圆轴线上的一个端点)

指定轴端点:(单击半圆轴线上的另一个端点)

指定旋转角度或[起点角度(ST)]<360>:(↙)

完成滚动体创建,如图4-3-13所示。

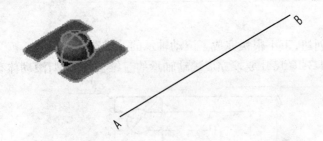

图 4-3-13　作滚动体

⑤ 作内、外圈：单击"常用"选项卡"建模"面板中的"旋转"按钮⟨⟩。

命令提示：

选择要旋转的对象：（单击内圈断面的面域）

选择要旋转的对象：（单击外圈断面的面域）

选择要旋转的对象：（↙）

指定轴起点或根据以下选之一定义轴[对象(O)/X/Y/Z] <对象 >：（单击轴线上 A 点）

指定轴端点：（单击轴线上 B 点）

指定旋转角度或[起点角度(ST)] <360 >：（↙）

完成内、外圈创建，如图4-3-14 所示。

⑥ 将滚动体阵列：单击"常用"选项卡"修改"面板中的"三维阵列"按钮⊞。

命令提示：

选择对象：（选择滚动体）

选择对象：（↙）

输入阵列类型[矩形(R)/环形(P)] <矩形 >：（P↙）

输入阵列中的项目数目：（16↙）

指定要填充的角度（ + =递时针， - =顺时针）< 360 >：（↙）

图 4-3-14　作内、外圈

指定阵列的中心点：（单击轴线 AB 上的一点）

指定旋转轴上的第二点：（单击轴线 AB 上的另一点）

完成滚动轴承三维实体造型。

任务小结

通过制作滚动轴承的三维实体造型，我们知道三维实体中的旋转体可以由二维线框（若不是多段线需先创建面域）旋转得到。

拓展提高

二维图形除了能"旋转"建模以外，还可以"拉伸""放样""扫掠"建模。这些命令菜单、面板的位置与"旋转"相同。

236

一、"拉伸"建模

【例3】 用边长为30的正六边形拉伸高为80的正六棱柱，如图4-3-15所示。

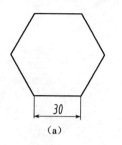

(a)　　　　　　　　　　(b)

图4-3-15　例3图

步骤：

① 单击 ViewCube，使其视点为"上"（即俯视图方向，如图4-3-6所示）。

② 单击"常用"选项卡"绘图"面板中的"正多边形"按钮⬠，绘制边长为30的正六边形，如图4-3-15(a)所示。

③ 选择视点为"西南轴测图"，单击"常用"选项卡"建模"面板中的"拉伸"按钮。

命令提示：

　　　选择要拉伸的对象：（单击正六边形）

　　　选择要拉伸的对象：（↙）

　　　指定拉伸的高度或[方向(D)/路径(P)/倾斜角(T)]<0.0000>：（80↙）

变换视点为"西南轴测图"，完成图4-3-15(b)所示正六棱柱的拉伸创建。

二、"扫掠"建模

扫掠是指将二维封闭（或非封闭）对象按指定路径扫掠来创建三维实体。

【例4】 创建上、下底圆半径均为50，弹簧丝半径为10，高为200的弹簧，如图4-3-16所示。

步骤：

① 选择视点为"西南轴测图"。

② 绘制螺旋线：单击"常用"选项卡"绘图"面板中的"螺旋"按钮。

命令提示：

　　　指定底面的中心点：（绘图区适当位置单击）

　　　指定底面半径或[直径(D)]<0.0000>：（50↙）

　　　指定顶面半径或[直径(D)]<0.0000>：（50↙）

　　　指定螺旋高度或[轴端点(A)/圈数(T)/圈高(H)/扭曲(W)]<0.0000>：（200↙）

完成螺旋线的绘制，如图4-3-17所示。

③ 绘制弹簧丝断面：将坐标系 Z 轴方向由向上转成向前，如图4-3-18所示。

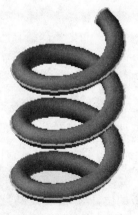

图4-3-16　例4图

图 4-3-17 绘制螺旋线

图 4-3-18 将坐标系 Z 轴方向由向上转成向前

然后单击"常用"选项卡"绘图"面板中的"圆"按钮⊘,以螺旋线的其中一个端点为中心,绘制半径为 10 的圆,如图 4-3-19 所示。

④ 扫掠建模:单击"常用"选项卡"建模"面板中的扫掠按钮。

命令提示:

  选择要扫掠的对象:(单击半径为 10 的圆)

  选择要扫掠的对象:(↙)

  选择扫掠路径或 [对齐 (A) /基点 (B) /比例 (S) /扭曲 (T)]:

(单击螺旋线)

完成图 4-3-16 弹簧的创建。

四、"放样"建模

图 4-3-19 绘制弹簧丝断面

放样是指通过一系列曲线(称为横截面轮廓)构成三维实体。

【例 5】 绘制图 4-3-20 所示五个圆,利用放样创建实体如图 4-3-21 所示。

五个圆从上至下的圆心坐标为(0,0,100)(0,0,80)(0,0,60)(0,0,40)(0,0,0)。

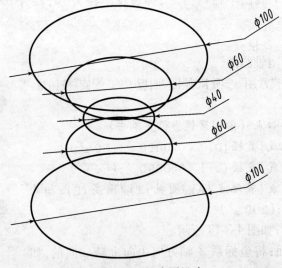

图 4-3-20 五个圆尺寸

步骤:

① 选择视点为"西南轴测图"。

② 绘制五个圆:单击"常用"选项卡"绘图"面板中的"圆"按钮 ⊘。

命令提示:

指定圆的圆心或[三点(3P)/两点(2P)/切点、切点、半径(T)]:(0,0,0 ✓)

指定圆的半径或[直径(D)] <50.0000>:(50 ✓)

命令:(✓)

指定圆的圆心或[三点(3P)/两点(2P)/切点、切点、半径(T)]:(0,0,40 ✓)

指定圆的半径或[直径(D)] <50.0000>:(30 ✓)

命令:(✓)

图4-3-21　利用放样创建实体

指定圆的圆心或[三点(3P)/两点(2P)/切点、切点、半径(T)]:(0,0,60 ✓)

指定圆的半径或[直径(D)] <30.0000>:(20 ✓)

命令:(✓)

指定圆的圆心或[三点(3P)/两点(2P)/切点、切点、半径(T)]:(0,0,80 ✓)

指定圆的半径或[直径(D)] <20.0000>:(30 ✓)

命令:(✓)

指定圆的圆心或[三点(3P)/两点(2P)/切点、切点、半径(T)]:(0,0,100 ✓)

指定圆的半径或[直径(D)] <30.0000>:(50 ✓)

完成图4-3-20五个圆的绘制。

③ 放样建模:单击"常用"选项卡"建模"面板中的"放样"按钮 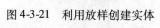。

命令提示:

按放样次序选择横截面:(单击最上面的圆)

按放样次序选择横截面:(单击第二个圆)

按放样次序选择横截面:(单击第三个圆)

按放样次序选择横截面:(单击第四个圆)

按放样次序选择横截面:(单击第五个圆)

按放样次序选择横截面:(✓)

输入选项[导向(G)/路径(P)/仅横截面(C)] <仅横截面>:(✓)

完成图4-3-21实体创建。

温馨提示:

放样次序从上至下或从下至上皆可,但是一定要依次选择截面。

练习题

1. 创建正六棱柱(用正六边形拉伸),如图 4-3-22 所示。

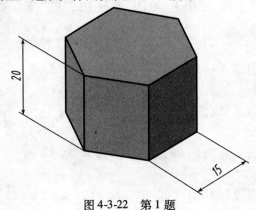

图 4-3-22　第 1 题

2. 利用旋转建模命令创建图 4-3-23 所示实体,尺寸自定。

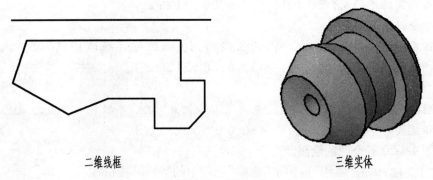

二维线框　　　　　　　　　　　　三维实体

图 4-3-23　第 2 题

3. 用拉伸命令创建图 4-3-24 所示立体五角星(拉伸倾斜角为 57°,高度为 7)。

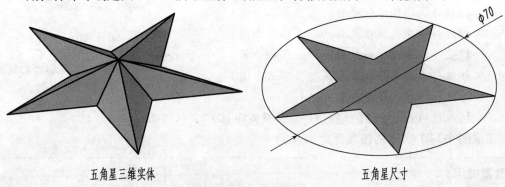

五角星三维实体　　　　　　　　　　五角星尺寸

图 4-3-24　第 3 题

4. 打开文件夹:素材\任务三　滚动轴承的三维实体造型\4 题,将小椭圆沿样条曲线扫掠(图 4-3-25a),创建实体(图 4-3-25b)。

5. 打开文件夹:素材\任务三　滚动轴承的三维实体造型\5 题,通过三个正方形截面放样(图 4-3-26a),创建实体(图 4-3-26b)。

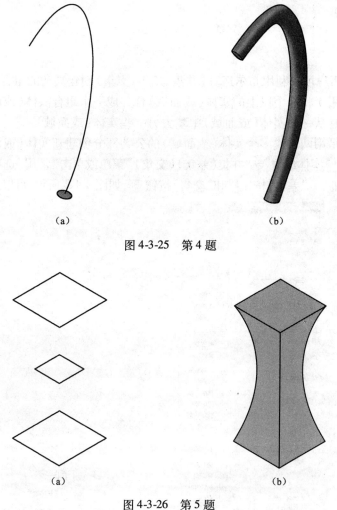

（a）　　　　　　　　　　　　　（b）

图 4-3-25　第 4 题

（a）　　　　　　　　　　　　　（b）

图 4-3-26　第 5 题

任务四　齿轮的三维实体造型

💻 **任务介绍**

　　学会做滚动轴承的三维造型，丁丁想齿轮应该不会太难吧（图 4-4-1），他又琢磨齿轮的三维实体造型。

⚙ **任务解析**

　　齿轮三维造型的思路是先画出端面的二维线框，再将其转化成面域，最后拉伸建模即可。不过，齿轮中心有许多孔，怎样才能去掉中心的这些孔呢？这需要学习实体造型中"布尔运算"（并集、差集、交集）。

图 4-4-1　齿轮模型

(Ⅱ) 相关知识

布尔运算

AutoCAD 中用户可以利用布尔运算(并集、差集、交集)创建复杂的组合体。

"并集"命令用于将两个以上的实体(或面域)合并成一个组合实体(或面域)。

"差集"命令是从一些实体(或面域)中减去另一些实体(或面域)。

"交集"命令是用两个或多个实体(或面域)的公共部分创建新实体(或面域)。

通过"修改"→"实体编辑"→"并集(差集)(交集)"菜单或单击"常用"选项卡"实体编辑"面板中的"并集"按钮⊚、"差集"按钮⊚和"交集"按钮⊚,如图 4-4-2 所示,可以执行布尔运算。

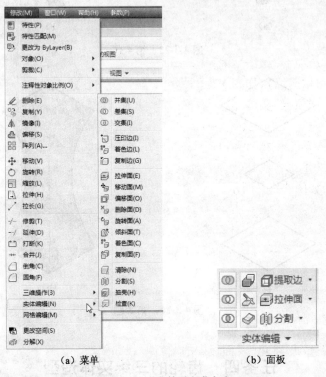

(a)菜单 (b)面板

图 4-4-2 "实体编辑"命令

【例1】 用布尔运算中的"差集"创建图 4-4-3 所示空心圆柱(内径为 30,外径为 50,高为 90)。

图形分析:

该实体可以有两种做法,一种是先做出两个圆面域,再由两个面域差集后拉伸,另一种是做出两个同轴线圆柱实体,再进行差集即可

方法 1

步骤:

① 选择视点为"西南轴测图"。

② 单击"常用"选项卡"绘图"面板中的"圆"按钮⊘,绘制两个半径分别为 50 和 30 的同心圆,如图 4-4-4 所示。

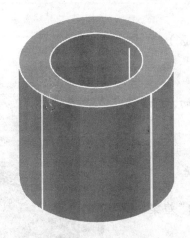

图 4-4-3　例 1 图

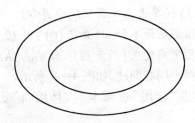

图 4-4-4　绘制同心圆

③ 单击"常用"选项卡"绘图"面板中的"面域"按钮，将所画两个圆创建为两个面域（做面域的目的是便于布尔运算），如图 4-4-5 所示。

④ 单击"常用"选项卡"实体编辑"面板中的"差集"按钮。

命令提示：

　　选择对象：（单击被减的大圆面域）

　　选择对象：（单击需减掉的小圆面域）

完成差集运算，如图 4-4-6 所示。

图 4-4-5　创建为两个面域

图 4-4-6　完成差集运算

⑤ 单击"常用"选项卡"建模"面板中的"拉伸"按钮。

命令提示：

　　选择要拉伸的对象：（单击差集后的面域）

　　选择要拉伸的对象：（↙）

　　指定拉伸的高度或[方向(D)/路径(P)/倾斜角(T)] <0.0000>：（90 ↙）

即可完成图 4-4-3 空心圆柱的实体创建。

方法 2

步骤：

① 选择视点为"西南轴测图"

② 单击"常用"选项卡"建模"面板中的"圆柱体"按钮。

命令提示：

　　指定中心点或[三点(3P)/两点(2P)/相切、相切、半径(T)]：（绘图区任意单击一点）

指定底面半径或[直径(D)]:(50 ↙)

指定高度或[两点(2P)轴端点(A)]:(90 ↙)

重复圆柱体命令。

命令提示:

指定中心点或[三点(3P)/两点(2P)/相切、相切、半径(T)]:(单击上一圆柱底面圆心)

指定底面半径或[直径(D)]:(30 ↙)

指定高度或[两点(2P)轴端点(A)]:(90 ↙)

得到两个同心圆柱,如图4-4-7所示。

③ 单击"常用"选项卡"实体编辑"面板中的"差集"按钮◎。

命令提示:

选择对象:(单击被减的大圆柱)

选择对象:(单击需减掉的小圆柱)

即可完成图4-4-3空心圆柱的实体创建。

图4-4-7 两个同心圆柱

温馨提示:

本题似乎方法2比方法1简单,但是对于复杂的实体,方法1应用得更多。

【例2】 用布尔运算中的差集创建图4-4-8中带阶梯孔的圆柱。

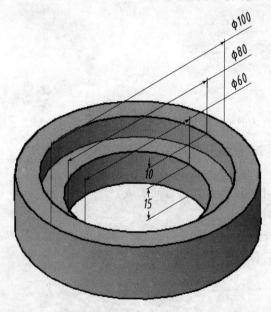

图4-4-8 例2图

步骤：

① 选择视点为"西南轴测图"。

② 作最外圆柱：单击"常用"选项卡"建模"面板中的"圆柱体"按钮 ⬭ 圆柱体。

命令提示：

指定中心点或[三点(3P)/两点(2P)/相切、相切、半径(T)]：(绘图区任意单击一点)

指定底面半径或[直径(D)]：(50 ↙)

指定高度或[两点(2P)轴端点(A)]：(25 ↙)

圆柱完成，如图4-4-9所示。

作阶梯孔的下圆柱：重复圆柱体命令。

命令提示：

指定中心点或[三点(3P)/两点(2P)/相切、相切、半径(T)]：(绘图区空白区域任意单击一点)

指定底面半径或[直径(D)]：(30 ↙)

指定高度或[两点(2P)轴端点(A)]：(15 ↙)

圆柱完成，如图4-4-10所示。

图4-4-9　圆柱　　　　　　　　4-4-10　阶梯孔的下圆柱

做阶梯孔的上圆柱：重复圆柱体命令。

命令提示：

指定中心点或[三点(3P)/两点(2P)/相切、相切、半径(T)]：(单击下圆柱的上底面圆心A点)

指定底面半径或[直径(D)]：(40 ↙)

指定高度或[两点(2P)轴端点(A)]：(10 ↙)

圆柱完成，如图4-4-11所示。

③ 单击"常用"选项卡"实体编辑"面板中的"并集"按钮 ⬭ 。

命令提示：

选择对象：(框选阶梯孔的两个圆柱)

即可完两个圆柱合并成一个整体。

④ 单击"常用"选项卡"修改"面板中的"移动"按钮 ✛ ，将合并后的组合体移动与外圆柱同轴线，如图4-4-12所示。

图 4-4-11　梯孔的上圆柱

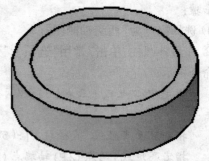

图 4-4-12　将合并后的组合体移动与外圆柱同轴线

⑤ 单击"常用"选项卡"实体编辑"面板中的"差集"按钮 ◎。

命令提示：

　　选择对象：(单击被减的大圆柱)

　　选择对象：(单击需减掉的组合体)

即可完成图 4-4-8 带阶梯孔的圆柱的实体创建。

【例3】　利用布尔运算求图 4-4-13 所示立方体(边长为 80)与球(半径为 50)的交集。

　　步骤：

　　① 选择视点为"西南轴测图"。

　　② 作球体：单击"常用"选项卡"建模"面板中的"球体"按钮 ◯ 球体。

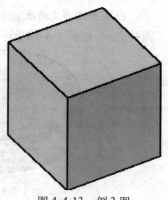

图 4-4-13　例 3 图

　　命令提示：

　　　　指定中心点或 [三点(3P)/两点(2P)/切点、切点、半径(T)]：(绘图区任意单击一点)

　　　　指定半径或 [直径(D)] <0.0000>：(50 ↙)

　　球体完成，如图 4-4-14 所示。

　　作正方体：单击"常用"选项卡中"建模"面板中的"长方体"按钮 □ 长方体。

　　命令提示：

　　　　指定第一个角点或 [中心(C)]：(C ↙)

　　　　指定中心：(单击球心)

　　　　指定角点或 [立方体(C)/长度(L)]：(C ↙)

　　　　指定长度 <0.0000>：(80 ↙)

　　正方体完成，如图 4-4-15 所示。

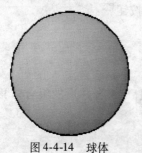

图 4-4-14　球体

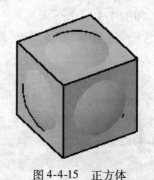

图 4-4-15　正方体

③ 单击"常用"选项卡"实体编辑"面板中的"交集"按钮⑩。

命令提示：

　　选择对象：(框选两个形体)

完成两形体的交集，效果如图 4-4-16 所示。

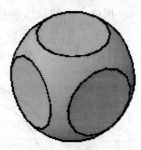

图 4-4-16　两形体的交集

任务实施

学会了布尔运算，丁丁尝试着齿轮的三维造型。

【例4】　按尺寸要求(图 4-4-17)完成齿轮的三维实体造型 (图 4-4-1)，齿轮厚度为 20。

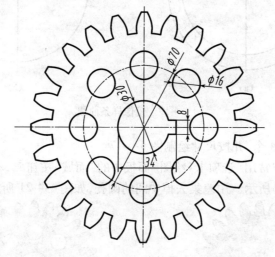

图 4-4-17　齿轮尺寸

步骤：

① 单击 ViewCube，使其视点为"上"(即俯视图方向)。

② 画齿轮的二维轮廓线：用直线绘制 X、Y 两条轴，长为 120；将 Y 轴偏移 1.7612、3.1848、4.1586、4.5271、4.2626，将 X 轴偏移 53、56、59、62、65，如图 4-4-18(a) 所示。

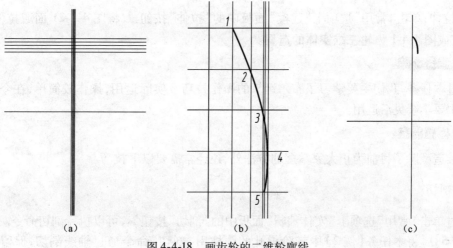

(a)　　　　　　　　　　　　(b)　　　　　　　　　　(c)

图 4-4-18　画齿轮的二维轮廓线

用样条曲线依次连接 1、2、3、4、5 五个交点绘制样条曲线,如图 4-4-18(b)所示。

将偏移的线条删除,如图 4-4-18(c)所示,将样条曲线镜像后绘制齿顶圆和齿根圆,如图 4-4-19(a)所示,修剪后得到一个轮齿如图 4-4-19(b)所示。

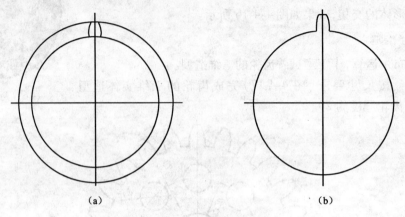

(a)   (b)

图 4-4-19 镜像样条曲线

将轮齿环形阵列 24 个,并按尺寸绘制图 4-4-17。

③ 创建面域:单击"常用"选项卡"绘图"面板中的"面域"按钮◎,将所画图形创建为面域(共 10 个),如图 4-4-20 所示。用差集去掉中间的圆孔,如图 4-4-21 所示。

图 4-4-20 创建面域   图 4-4-21 去掉中间的圆孔

④ 拉伸:单击"常用"选项卡"建模"面板中的"拉伸"按钮▣,将图 4-4-21 面域拉伸,高度为 20,完成图 4-4-1 齿轮三维实体的造型。

🔲任务小结

通过本任务,我们主要学习了布尔运算的操作技巧及实际运用,操作较简单,在今后的造型过程中要学会灵活运用。

🔲拓展提高

三维造型除了目前为止大家掌握的方法外,还经常需要以下技巧。

一、剖切

通过单击"常用"选项卡"实体编辑"面板中的"剖切"按钮▶,可以执行剖切命令。

【例 5】 将本任务【例 2】中带阶梯孔的圆柱用"剖切"命令通过轴线剖切,保留右侧如图 4-4-22 所示。

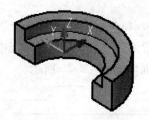

图 4-4-22　例 5 图

步骤：

① 打开【例 2】中的三维实体。

② 单击"常用"选项卡"实体编辑"面板中的"剖切"按钮❧。

命令提示：

指定切面的起点或 [平面对象 (O)/曲面 (S)/Z 轴 (Z)/视图 (V)/XY (XY)/YZ (YZ)/ZX(ZX)/三点 (3)] <三点 >:(YZ✓)

指定 YZ 平面上的点 <0,0,0 >:(单击阶梯孔中的任意一个圆心)

在所需的侧面上指定点或 [保留两个侧面 (B)] <保留两个侧面 >:(单击需要保留的右侧方向上的任意一点) 完成剖切。

> **温馨提示：**
>
> 　在命令提示"指定切面的起点或 [平面对象(O)/曲面(S)/Z 轴(Z)/视图(V)/XY (XY)/YZ(YZ)/ZX(ZX)/三点(3)] <三点 >:"时，需确定好剖切面的种类，从而选择适当的选项是三点或某一方向的平面。如需用水平面剖切，可选择选项为(XY)；若想通过某三点确定的平面剖切，则可选(三点)。

二、倒角和倒圆

通过单击"常用"选项卡"修改"面板中的"圆角"⬜ 圆角 或"倒角"⬜ 倒角 按钮，如图 4-4-23 所示，可以执行圆角或倒角命令。

【例 6】　根据所给尺寸，将二维图形旋转成轴，然后倒角 ($C2$) 和圆角 ($R2$)，如图 4-4-24 所示。

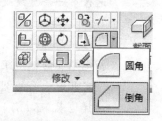

图 4-4-23　"圆角"和"倒角"命令

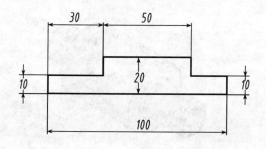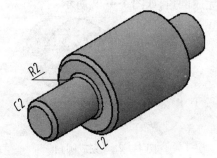

图 4-4-24　例 6 图

步骤：

① 单击 ViewCube，使其视点为"上"（即俯视图方向）。

② 单击"常用"选项卡"绘图"面板中的"直线"按钮 ，画出二维线框如图 4-4-25 所示，然后将其创建为面域如图 4-4-26 所示。

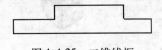

图 4-4-25　二维线框　　　　　　　　　　图 4-4-26　创建面域

③ 选择视点为"西南轴测图"，单击"常用"选项卡"建模"面板中的"旋转"按钮 ，创建出轴，如图 4-4-27 所示。

④ 单击"常用"选项卡"修改"面板中的"圆角"按钮 圆角。

命令提示：

　　选择第一个对象或 [放弃 (U) / 多段线 (P) / 半径 (R) / 修剪 (T) / 多个 (M)]:(R✓)

　　指定圆角半径 <1.5000>:(2✓)

　　选择第一个对象或 [放弃 (U) / 多段线 (P) / 半径 (R) / 修剪 (T) / 多个 (M)]:(单击需要圆角的那个圆)

　　输入圆角半径 <2.0000>:(✓)

　　选择边或 [链 (C) / 半径 (R)]:(✓)

图 4-4-27　创建轴

完成圆角，如图 4-4-28 所示。

⑤ 单击"常用"选项卡"修改"面板中的"倒角"按钮 倒角。

命令提示：

　　选择第一条直线或 [放弃 (U) / 多段线 (P) / 距离 (D) / 角度 (A) / 修剪 (T) / 方式 (E) / 多个 (M)]:(单击轴的左端面上的圆)

　　输入曲面选择选项 [下一个 (N) / 当前 (OK)] < 当前 (OK) >:(✓)

　　指定基面的倒角距离 <0.0000>:2(✓)

　　指定其他曲面的倒角距离 <0.0000>:(2✓)

　　选择边或 [环 (L)]:(L✓)

　　选择边环或 [边 (E)]:选择边环或 [边 (E)]:(再次单击轴的左端面上的圆)

完成倒角，如图 4-4-29 所示。

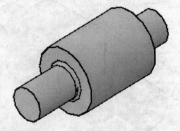

图 4-4-28　完成圆角　　　　　　　　　　图 4-4-29　完成倒角

⑥ 重复第⑤步，完成另一倒角，完成全图。

三、抽壳

通过单击"常用"选项卡"实体编辑"面板中的"抽壳"按钮，如图 4-4-30 所示，可以执行抽壳命令。

图 4-4-30 "抽壳"命令

【例 7】 将边长为 100 的正方体抽壳，删除面为上面和左面，抽壳偏移距离为 10，如图 4-4-31 所示。

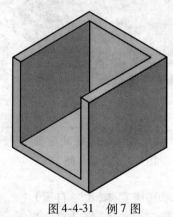

图 4-4-31 例 7 图

步骤：

① 单击"常用"选项卡"建模"面板中的"长方体"按钮。

命令提示：

　　指定第一个角点或[中心(C)]：(单击绘图区上任一点)
　　指定角点或[立方体(C)/长度(L)]：(C↙)
　　指定长度<0.0000>：(100↙)

完成正方体创建，如图 4-4-32 所示。

② 单击"常用"选项卡"实体编辑"面板中的"抽壳"按钮。

命令提示：

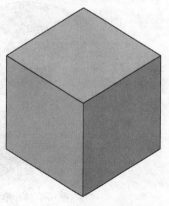

图 4-4-32 完成正方体创建

　　选择三维实体：(单击正方体)
　　删除面或[放弃(U)/添加(A)/全部(ALL)]：(单击上面)

删除面或[放弃(U)/添加(A)/全部(ALL)]:(单击左面)

删除面或[放弃(U)/添加(A)/全部(ALL)]:(↙)

输入抽壳偏移距离:10

完成图 4-4-31 正方体的抽壳。

温馨提示:

在选择删除面时,光标在同一位置对应两个面,其中一个面可见,另一个面不可见,系统默认此时选择的是可见面,若想选择不可见的面,需利用 ViewCube 等将不可见面转成可见面。

练习题

1. 创建图 4-4-33 所示三维实体。

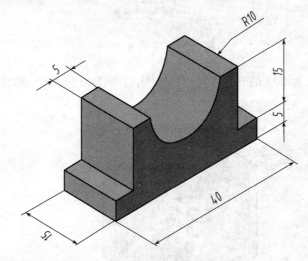

图 4-4-33 第 1 题

2. 用球体剖切得到图 4-4-34 所示三维实体(尺寸自定)。
3. 用圆锥剖切得到图 4-4-35 所示三维实体(尺寸自定)。

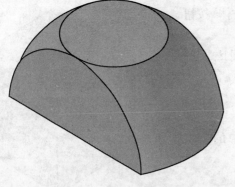

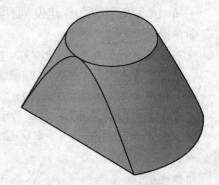

图 4-4-34 第 2 题   图 4-4-35 第 3 题

4. 按尺寸创建图 4-4-36 所示花瓶,抽壳距离为 7。

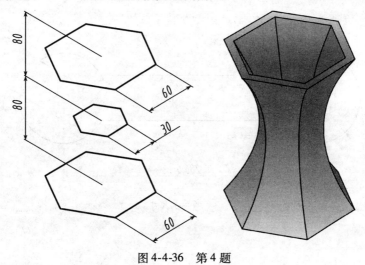

图 4-4-36　第 4 题

5. 按尺寸作出图 4-4-37 所示三维实体(左端两倒角 *C*2,中间圆角 *R*3)。

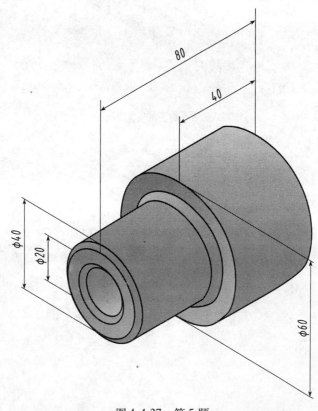

图 4-4-37　第 5 题

6. 根据固定扳手尺寸,创建扳手实体(拉伸高度为 10),如图 4-4-38 所示。

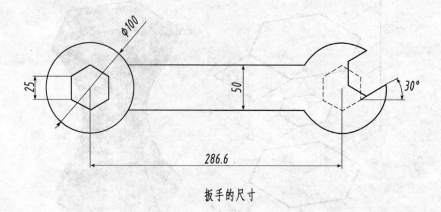

扳手的尺寸

扳手的三维实体

图 4-4-38　第 6 题

7. 参照所给尺寸创建棘轮的三维实体造型,棘轮厚度为20,如图4-4-39所示。

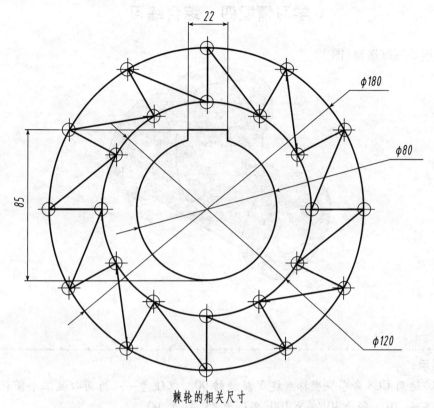

棘轮的相关尺寸

棘轮三维实体

棘轮二维轮廓线框

图4-4-39　第7题

学习情境四　综合练习

1. 三通的三维造型(图1)。

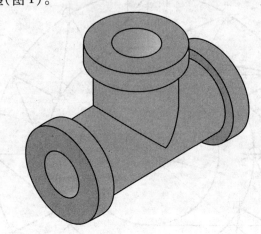

图1

操作提示:

　　(1)运用 UCS 命令将坐标系统绕 Y 轴旋转 $90°$,以任意一点为圆心做三个圆柱,半径为 50,高为 20;半径为 40,高为 100;半径为 25,高为 100。

　　(2)运用并集将两个大圆柱合并,运用差集将大圆柱减去小圆柱。

　　(3)运用镜像命令将该实体进行三维镜像。

　　(4)运用三维旋转将镜像部分旋转 $90°$。

　　(5)重复第三步的三维镜像。

2. 工字钉的三维造型(图2)。

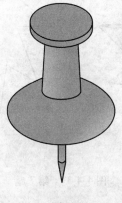

图2

操作提示：

(1) 圆柱半径50,高10。

(2) 以圆柱地面圆心为圆心,画半径为25的圆。

(3) 拉伸该圆,高度为-120,倾斜角为-3°。

(4) 捕捉拉伸下端圆心,向下90为球心作半径为100的球体。

(5) 剖切球体,剖切面为 XY 面,通过球心上方50的点。

(6) 以截面圆心为圆心,半径为5高为90做圆柱。

(7) 以圆柱底面圆心为圆心做半径为5高为40的圆锥。

3. 盘子的三维造型(图3)。

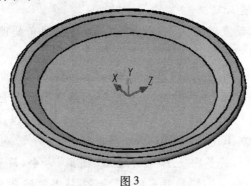

图3

操作提示：

(1) 俯视图中,运用多段线命令依次输入(300,300)、(@0,10)、(@200,0)、(@40<30)、(@20,0)、A、A、-180、R、7、-90、L、(@-20,0)、(@-40<30)、(@-200,0)、C。

(2) 西南轴测图中,运用UCS命令将原点移至(300,296,0),运用旋转命令将多段线绕 Y 轴旋转360°。

(3) 运用三维旋转将实体以原点为指定点绕 X 轴旋转90°。

4. 水桶的三维造型(图4)。

图4

操作提示:

(1)设置视图为西南轴测图,用圆柱体命令,以(0,0,120)为中心,绘制半径为78,高为 −10 的圆柱体。

(2)调整观察角度,运用抽壳命令,选择圆柱体,拾取圆柱体底面,设置偏移距离为2,进行抽壳处理。

(3)运用圆命令,以原点为圆心,绘制半径为 50 的圆。运用拉伸命令,设置倾斜角为 −10,高为 120 进行拉伸处理。

(4)运用圆角命令,设置圆角半径为10,对拉伸体底面进行圆角处理。

(5)运用并集命令,将以上形体进行合并。运用抽壳命令,选择实体,拾取顶面,设置偏移距离为2进行抽壳处理。

(6)运用圆角命令,设置圆角半径为1,对水桶口进行圆角处理。运用 UCS 命令,将坐标系绕 Y 轴旋转 −90°。

(7)运用"圆柱体"命令,分别以(115,0,80)、(115,0,−80)为中心,绘制半径为3,高为 −7、7 的圆柱体,并运用"差集"命令,选择实体,拾取圆柱体进行差集运算。

(8)设置视图为"前视",运用多段线命令,依次输入(−73,115)、(@ −10,0)、A、S(@83,75)、(@83,−75)、L、(@ −10,0)绘制多段线。

(9)运用"分解"命令,将多段线分解,并运用"圆角"命令,设置圆角半径为5,对多段线的尖角进行圆角处理。运用"编辑多段线"命令,将多段线合并处理。

(10)设置视图为西南轴测图,运用 UCS 命令,将坐标系绕 Y 轴旋转 −90°,运用圆命令,以(90,115,77)为圆心,绘制半径为 2.5 的圆。

(11)运用拉伸命令,拾取绘制的圆,以多段线为路径,进行拉伸处理。

5. 洗菜盆的三维造型(图5)。

图 5

操作提示:

(1)以原点为圆心,绘制半径为200,高为120的圆柱体。

(2)以圆柱的顶面圆心为中心在绘制圆柱半径为220,高为20。

(3)将上面两圆柱进行合并。

(4)用抽壳命令,选择实体,拾取实体顶面,设置抽壳偏移距离为5,进行抽壳处理。

(5)运用圆柱体命令,以原点为中心,绘制半径为160、高为-20的圆柱体,以(0,0,-5)为中心,绘制半径为145、高为-20的圆柱体。

(6)用差集命令,选择半径为160的圆柱体,拾取145的圆柱体,进行差集运算。

(7)运用圆角命令,设置圆角半径为25、5、2,对盆口和盆底进行圆角处理。

6. 梳子的三维造型(图6)。

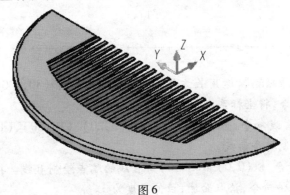

图6

操作提示:

(1)设置视图为西南轴测图,以原点为中心,绘制半径为50、高为4的圆柱体。运用"剖切"命令,以YZ为剖切面,输入(-5,0,0),保留左侧。

(2)重复执行剖切,选择三点剖切,依次输入三点(-50,0,0)、(5,-50,2)、(5,50,2),保留主体部分。

重复执行剖切,选择三点剖切,依次输入三点(-50,0,-4)、(5,-50,2)、(5,50,2),保留主体部分。

(3)运用圆柱体命令,以(20,0,0)为中心,绘制半径为55、高为5的圆柱。运用剖切命令,拾取圆柱体,以ZX为剖切面,输入(0,30,0),保留原点的一侧,重复剖切命令,以ZX为剖切面,输入(0,-30,0),保留原点一侧。

(4)运用长方体命令,以(-35,-29,0)和(@40,1,5)为角点绘制长方体。

(5)运用阵列命令,将上面的长方体矩形阵列,20行,1列,行偏移为3,列偏移为1。

(6)运用差集命令,选择剖切的右侧圆柱体,拾取阵列的长方体,进行差集运算,选择左侧的圆柱体,拾取差集实体,进行差集运算。

(7)运用圆角命令,设置圆角半径为0.8,对梳子进行圆角处理。

7. 镜子的三维造型(图7)。

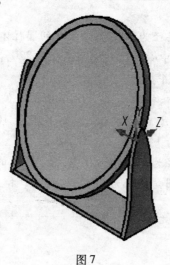

图7

操作提示:

(1)设置"西南等轴测",运用长方体命令,以(0,0,0)和(30,100,3)为角点绘制长方体。运用 UCS 命令,将坐标系绕 X 轴旋转90°。

(2)运用样条曲线命令,依次输入(0,0)、(5,20)、(10,70)、(15,80)、(20,70)、(25,20)、(30,0)绘制样条曲线。

(3)运用直线命令,以(0,0)和(30,0)为直线的端点绘制直线。拾取样条曲线与直线创建面域,运用拉伸命令,拾取面域,拉伸高度为3。

(4)运用圆柱体命令,以(15,70,0)为中心,绘制半径为2,高为2的圆柱体。运用差集命令,选择拉伸体,拾取圆柱体进行差集运算。

(5)运用"三维镜像"命令,拾取差集的实体,以 XY 为镜像面,输入(0,0,-50)进行镜像处理。

(6)运用 UCS 命令,将坐标系移动至(15,70,0),沿 Y 轴旋转坐标系90°,将坐标系移动至(0,0,-3)。

(7)运用椭圆命令,输入 C、(50,0)、(0,0)、60 绘制椭圆,输入 C、(50,0)、(5,0)和55,绘制椭圆。

(8)运用拉伸命令,将拉伸椭圆高为6,并运用"差集"命令,选择外侧椭圆,拾取内侧椭圆进行差集运算。

(9)运用并集命令,拾取镜子支架进行并集运算。运用 UCS 命令,将坐标系移至(0,0,1)处,并运用椭圆命令,依次输入 C、(50,0)、(5,0)、55 绘制椭圆。

(10)运用"拉伸"命令,将椭圆拉伸高为4,并运用三维旋转命令,选择3个椭圆,以 X 轴为旋转轴,在原点旋转30°。

参 考 文 献

[1] 张启光. 计算机绘图——AutoCAD 2004[M]. 北京:高等教育出版社,2006.

[2] 文杰书院. AutoCAD 2010 中文版新手自学手册[M]. 北京:机械工业出版社,2010.

[3] 崔洪斌. AutoCAD 2012 中文版实用教程[M]. 北京:人民邮电出版社,2011.

[4] 郭建华. AutoCAD 习题集[M]. 北京:北京理工大学出版社,2010.

[5] 李杰臣. AutoCAD 机械绘图典型案例详解[M]. 北京:中国铁道出版社,2011.

[6] 张樱枝. AutoCAD 2012 中文版基础入门与范例精通[M]. 北京:科学出版社,2011.

[7] 陈志民. 中文版 AutoCAD 2012 机械绘图实例教程[M]. 北京:机械工业出版社,2011.